基于本地信息的电网稳定性控制

高红亮　詹习生　陈超洋　著

科 学 出 版 社

北 京

内 容 简 介

本书主要介绍基于本地信息的电网稳定性控制的相关理论及设计方法，以实现对电力系统低频振荡的抑制，从而提高电网的稳定性。内容包括：绪论、基于阻尼系数的电力系统低频振荡机理研究、基于 SimPowerSystems 的电网仿真、电力系统动态研究的实用模型求解、基于系统阻尼比的最优励磁控制器设计、基于 Mamdani 模糊推理的智能励磁控制和基于 H_∞ 控制的电力系统输出反馈控制器设计。

本书可作为从事自动控制和电气工程相关工作的科研人员、工程技术人员，以及高等院校自动化、电气工程及其相关专业教师、高年级本科生和研究生的参考用书。

图书在版编目（CIP）数据

基于本地信息的电网稳定性控制 / 高红亮，詹习生，陈超洋著. —北京：科学出版社，2019.11

ISBN 978-7-03-062786-5

Ⅰ. ①基… Ⅱ. ①高… ②詹… ③陈… Ⅲ. ①电力系统稳定－稳定控制－研究 Ⅳ. ①TM712

中国版本图书馆 CIP 数据核字（2019）第 237983 号

责任编辑：任 静 赵艳春 / 责任校对：樊雅琼
责任印制：吴兆东 / 封面设计：迷底书装

科学出版社 出版
北京东黄城根北街 16 号
邮政编码：100717
http://www.sciencep.com

北京中石油彩色印刷有限责任公司 印刷
科学出版社发行 各地新华书店经销
*
2019 年 11 月第 一 版 开本：720 × 1000 1/16
2020 年 1 月第二次印刷 印张：9 1/2
字数：178 000

定价：78.00 元

（如有印装质量问题，我社负责调换）

前言

在过去的几十年中，随着全球气候的变化和人口的快速增长，在全球范围内人们对可持续、安全和稳定电能的需求不断增加，电力系统的规模越来越大。我国电力系统已步入大电网、大机组、交直流混合远距离输电、跨区域联网的新阶段。长距离的互联使得电力系统联系薄弱，容易出现低频振荡，低频振荡如果得不到有效抑制，很可能引起连锁故障，导致大范围的停电事故，造成重大的损失。电力系统的安全性和可靠性已成为关系到社会安全和经济发展的重大战略问题，低频振荡对当今电力系统的安全性和可靠性提出了严峻的挑战，需要给予充分的重视并进行认真研究。

现代电力系统属于典型的非线性复杂大系统，整个系统在地理位置上分布非常广阔，各控制站之间实时交换信息的成本高，通常难以实现集中控制。如何利用系统本地信息，按照实际控制站的位置进行分散型的控制具有重要的意义。本书作者近年来主要从事电网稳定性控制和电力系统低频振荡抑制的相关研究，本书内容反映了作者在该领域的一些研究成果。

本书由湖北师范大学高红亮、詹习生和湖南科技大学陈超洋共同撰写完成。高红亮负责撰写第1～6章，詹习生和陈超洋负责撰写第7章。本书在撰写过程中，湖北师范大学的吴杰、杨青胜、万里光、涂建、朱军和徐丰参与了编辑等工作。本书相关研究得到湖北省自然科学基金计划项目“互联电网低频振荡网络化协调控制理论研究”（2016CFC735）、湖北省教育厅科学技术研究计划重点项目“网络环境下电力系统低频振荡的控制理论与方法”（D20162503）、湖北省自然科学基金杰出青年人才项目“通信受限下网络化控制系统性能极限与优化设计”（2017CFA034）、国家自然科学基金项目“合作与竞争模式下智能群体网络的协同跟踪性能分析与权衡设计”（61603128）和国家自然科学基金项目“通信受限下无线网络化系统建模与性能分析”（61602163）的资助。在此一并表示感谢。

由于作者水平有限，书中难免有不足之处，恳请广大读者予以批评指正。

作 者

2019 年 2 月于湖北师范大学

目录

第1章 绪 论

1.1 概 述

在过去的几十年中，随着全球气候的变化和人口的快速增长，在全球范围内人们对可持续、安全和稳定电能的需求不断增加。研究表明[1]，到2020年，全球的用电量将会超过 27000TW·h（$1\text{TW·h} = 10^9\text{kW·h}$），而 2000 年消耗的电能为15400TW·h，相比而言，用电量增长超过 75%。数据显示[2]，美国在过去的二十几年当中，电力的需求和消耗以年均2.5%的速度持续增长。我国1980～2012年，全社会用电量增长了16.8倍，年均增长约9.2%。不断增长的电力需求意味着电力系统负荷的不断加重，重负荷输电线路不断增多。

同时，我国电力系统已经形成了南北互供、全国联网的格局。电网互联可以使得电力系统相互调剂负荷和出力，有利于发挥大的水、火电基地和大机组的作用，对于全网经济调度和事故备用都十分有利。但同时也带来影响电力系统安全稳定运行的新问题。互联的电力系统容易在长距离、重负荷输电线上出现低频振荡[3, 4]。例如，2006年8月28日23时58分至2006年8月29日0时6分，云南省滇西电网发生了低频振荡，振荡频率约为0.64Hz。2008年8月25日15时40分至2008年8月25日15时42分，云南省文山壮族苗族自治州110kV电网发生低频振荡，振荡频率约为0.65Hz，其中500kV砚山变电站主变压器功率振幅达到174MW，云南省其他500kV线路也均有不同程度的功率振荡。2008年11月9日0时20分至2008年11月9日0时22分，贵州省电网220kV秀山变电站所连的黔江地区电网发生了低频振荡，振荡频率约为0.84Hz。

低频振荡已经成为严重威胁互联电网安全稳定运行的突出问题，低频振荡如果得不到有效抑制，很可能引起连锁故障，导致大范围的停电事故，造成重大的损失[5-10]。以2003年8月14日发生的美加大停电事故为例，发生在美国俄亥俄州的第一条线路跳闸后，最终断开了30390MW的电力，使得近5000万人无电可用，对美国和加拿大两个国家造成了数百亿美元的经济损失。2003 年 9 月 1 日，马来西亚大停电，事故影响了 5 个州，停电时间持续 4 个多小时。2003 年 9 月 28 日，意大利 6400MW 的功率缺额导致系统崩溃。2005 年 8 月 18 日，印度尼西亚输电网故障导致大型发电厂停机，引发电网崩溃，近 1 亿人受影响。1995 年 9 月 9 日，我国宁夏电网发生大面停电事故。2006 年 7 月 1 日，在华中电网的河南省电网部分，500kV 嵩郑两回线路突然发生故障，先后跳闸引起大规模潮流转移，最终导致大面积停电事故。2008 年 1 月 10 日，贵州省、湖南省、湖北省、江西省等发生大面积停电。电力系统的安全性和可靠性已成为关系到社会安全和经济发展的重大战略问题，而低频振荡对当今电力系统的安全性和可靠性提出了严峻的挑战，需要给予充分的重视并进行认真研究。

电网的互联使得现代电力系统成为典型的非线性复杂大系统，整个系统在地理位置上分布非常广阔，各控制站之间实时交换信息的成本高，通常难以实现集中控制，比较好的方法是按照实际控制站的位置基于本地信息进行分散型的控制[11-16]。电力系统分散型的控制[17-20]，即要求控制规律是分散的，也就是说本地控制站的控制量只与系统本地的状态量或输出量有关，而与远处其他机组的状态量或输出量无直接关系。如电力系统中的励磁调节器、电力系统稳定器（power system stabilizer，PSS）、最优励磁控制器等都属于基于本地信息的分散型控制。

研究表明[21-24]，电力系统的低频振荡可通过对本地机组分散型的控制来抑制，而且可以避免集中控制的弊端，更符合电力系统自身的特点，从而提高电力系统的稳定性。在分散型控制技术中[18, 25-27]，包括负荷频率分散控制、气门或水门分散控制、分散励磁控制、柔性交流输电系统（flexible alternative current transmission systems，FACTS）装置分散控制等。其中对低频振荡具有较好控制作用的是分散励磁控制和 FACTS 装置分散控制，而由于 FACTS 装置大都安装在远离发电机的长距离输电线路上，所能直接获取的本地信号仅包括其安装点的信号，而从这些信号中不易综合出有效的控制信号，使得基于 FACTS 装置的分散控制的作用受到很大的限制。国内外的研究和实践证明[28-34]，通过对本地机组的分散励磁控制能有效地抑制电力系统的低频振荡，对提高电力系统的稳定性有显著效果，这已成为电力系统低频振荡控制技术的重要研究方向，受到人们广泛的重视。

常规的励磁控制器，如励磁调节器、PSS等虽然得到广泛使用[35-38]，但在当今电力系统的新形势下，其对低频振荡的抑制效果常难以达到人们的要求，有时甚至可能恶化系统的整体性能[39]。为有效地抑制故障后系统中产生的低频振荡，提高电力系统的稳定性，本书主要从基于本地信息的励磁控制的角度，对电力系统低频振荡的控制技术进行研究，以设计有效的控制策略提高电网稳定性。

1.2　国内外研究现状和发展趋势

1.2.1　国内外研究现状

本小节对当前国内外有关电力系统低频振荡控制技术的研究工作进行介绍。

Yan 等[40]提出了一种非线性自适应控制器的设计算法，该算法是一种基于递归式的自适应反演算法，在控制器设计过程中，采用 Lyapunov 函数来保证功角、发电机相对转速和线路有功功率在系统瞬时大故障情形下的收敛性，该文献通过在多机电力系统下的仿真实验说明了所设计的控制器在系统瞬时大故障情况下能抑制低频振荡，提高系统的稳定性。Huerta 等[41]基于二阶滑模技术设计了一种适用于多机电力系统的非线性鲁棒控制器，设计的控制器仅需本地的信息，对故障后系统产生的低频振荡具有一定的抑制作用，改善了系统的稳定性。Soliman 等[42]提出了一种基于 PSS 的鲁棒比例积分微分（proportional-integral-derivative，PID）分散控制算法，该算法通过迭代线性矩阵不等式（iterative linear matrix inequality，ILMI）方法确定控制器的参数，通过在两区四机电力系统中和常规 PSS 的仿真比较，说明了算法的有效性。Dehghani 等[20]基于 H_∞ 理论设计了一种用于多机电力系统的非线性控制器，控制器由两个模块组成，一个是带有本地测量信号如发电机有功和无功功率、转子速度和电枢电流的非线性函数模块，另一个是 PID 控制器模块，其中线性 H_∞ 理论用来调节 PID 的参数，通过在电力系统中的仿真实验，验证了所设计控制器对低频振荡抑制的有效性。文献[43]提出了一种适合于多机电力系统的分散滑模稳定励磁控制器设计方法，在设计过程中，采用分块控制方法得到非线性滑模面，使得设备模型固有的非线性特性得到补偿并且对机械动态特性实现了线性化，在仿真实验中通过和常规 PSS 的比较说明了所设计控制器在发电机转速和机端电压稳定方面具有更好的效果。文献[44]针对发电机在功角和输入的机械功率均为未知的情况，提出了一种非线性自适应励磁控制器设计方法，该方法基于同步发电机标准三阶模型，需要的信息包括发电机的相对角速度、有功功率、无穷大母线电压以及发电机机端电压，仿真结果表明所设计的控制器在低频振荡抑制和电压调节能力方面具有较好的效果。文献[45]针对大规模、不确定、互联非线性电力系统，提出了一种基于动态面控制的自适应神经网络励磁控制器设计方法。在设计中，采用动态面控制技术克服了对输入控制信号的反复求导，神经网络用来逼近未知子系统和互联系统的动态特征，仿真结果表明，所设计的非线性分散自适应状态反馈励磁控制器对电力系统故障后产生的低频振荡能起到抑制作用，提高了系统的稳定性。文献[46]采用静态输出反馈方法，设计了一种适用于大规模非线性电力系统的鲁棒模糊控制器，该文献采用 LMI 方法导出了鲁棒渐近稳定的充分条件，通过在参数不确定两区电力系统中的仿真实验验证了所设计控制器对低频振荡抑制的有效性。文献[47]采用具有跟踪控制方法的自适应模型设计了一种 PSS，该方法对于电力系统在故障后产生的低频振荡能起到抑制作用。文献[48]针对具有风力发电的电力网络，提出了采用现代多频段 PSS 的广域控制器以实现对低频振荡的抑制。该策略分两个阶段进行，第一阶段为线上阶段，通过发电的再调度以提高对低频振荡的阻尼；第二阶段为实时阶段，通过广域环境下的同步相量测量来调节多频段 PSS。文献[49]提出了一种采用强化学习实现对潮流控制器的自适应设计方法，以实现对电力系统低频振荡的抑制。在该方法中，基于 Q 学习的阻尼控制器的主要优点是其鲁棒性和对运行条件的自适应能力，并且控制器不需要控制系统的任何知识便能做出适应于实际非线性电力系统的控制策略。文献[50]提出了一种加权广域阻尼控制器，该方法将加权因子引入每一个远方反馈信号，并采用模态分析方法确定加权广域阻尼控制器的最优位置和输入信号的最优组合，通过两区四机系统和 IEEE 10 机 39 节点系统的应用说明了所提控制策略的有效性。

在国内，文献[51]对复杂电力系统的分散协调控制进行了改进研究，提出了一种多机电力系统 PSS 参数优化新方法，在抑制低频振荡提高电力系统稳定性方面，取得了比较好的效果。文献[52]设计了一种适用于电力系统的不依赖于时延的鲁棒稳定控制器，该方法首先通过扩展的 T-S（Takagi-Sugeno）模糊模型来模拟大系统的非线性动力学特征，然后设计一种状态反馈鲁棒控制器来控制系统的稳定性，最后通过仿真实例说明了所设计控制器的有效性。文献[53]对一类带有时变时滞的双线性关联大系统设计了分散状态反馈控制器，在导出闭环关联大系统时滞相关渐近稳定的充分条件时，采用了新型的 Lyapunov 函数，基于对并行分布补偿算法和线性矩阵不等式的求解设计出控制器，并通过理论证明和仿真实例说明了关联大系统是渐近稳定的。文献[26]针对可表示成系统状态变量的二次有界函数的关联大系统，在关联作用不确定的情况下，设计了反馈控制器。在设计中，利用推导出的线性矩阵不等式组是否有可行解来判断关联大系统是否渐近稳定，并基于双线性矩阵不等式方法计算出了分散反馈增益矩阵，最后通过对两机无穷大母线系统的仿真分析说明了该方法的有效性。文献[54]提出了基于区间二型模糊逻辑系统的模糊自适应控制方法，在设计中，应用二型模糊逻辑系统逼近系统中的未知函数，利用 Lyapunov 函数方法证明闭环系统的稳定性，该方法适用于一类状态可测的非线性大系统。文献[55]研究了一类不确定时变时滞大系统的模型参考跟踪控制问题，提出了一种鲁棒自适应控制器的设计方法，该方法在维数匹配及参考信号有界的条件下，控制器的设计无须知道参考模型的精确参数。文献[56]提出了一种基于低阶动态补偿器的控制方法，通过安装在不同地点的多个低阶动态补偿器使系统的机电振荡模态具有最优的阻尼效果，对电力系统的低频振荡具有较好的抑制作用。文献[57]对关联可测非线性广义子系统给出了非线性控制器的设计方案，在设计中，通过微分同胚变换实现了子系统模型的等价变换，并将其应用于一台同步发电机的气门控制，最后通过仿真实验验证了所设计控制器的有效性。文献[58]基于线性最优控制理论，设计了最优励磁控制系统，较好地弥补了单纯按机端电压偏差进行比例式调节的不足，对系统故障后产生的低频振荡有一定的抑制作用，提高了系统的稳定性。文献[59]通过具有闭环形式稳定裕度表达式的向量边界法来分析电网的超低频振荡现象，提出了一种频域鲁棒固定阶控制器设计方法以最大化系统的跟踪性能，且在多运行点具有特定稳定裕度，并通过两区四机系统和云南电网进行了实例验证。

当前电力系统低频振荡控制技术的不足主要有两点：第一，有些控制器的设计仍然需要远方其他机组的状态量，这在跨区域系统互联的情况下，会增加实时信息传输的成本。第二，一些控制器所使用的信号不便于在实际中测量，控制器的设计并未充分考虑其实用性和可行性，这样使得控制器的实现比较困难。

1.2.2 发展趋势

从国内外研究情况来看，电力系统低频振荡控制技术具有以下发展趋势。

（1）控制器的设计尽可能基于本地信息，即采用本地测得的参数作为输入信号。这样的设计方式更符合电力系统跨区域联网的形势，因为联网后系统在地理位置上分布将更加广阔，获取远方信号的成本更高，不宜采用远方的信号作为本地控制器的输入。

（2）控制器的设计须考虑其实用性和可行性，即控制器所使用的信号尽可能地采用方便易测的信号，如机组的电压、电流、功率等，从而使得控制器的实现更容易。

（3）随着大容量机组和快速励磁系统的广泛使用，电力系统的阻尼特性将受到明显影响，因而从增强电力系统阻尼特性的角度来设计新型控制器是重要的发展方向。

（4）由于智能控制技术具有自学习、自组织能力，能处理大规模的并行计算，适合于处理被控对象的不确定性、非线性和时滞、耦合等复杂因素，因而也是电力系统低频振荡控制技术一个重要的发展方向。

（5）鲁棒控制理论结合系统模型参数不确定性和外部扰动不确定性，研究系统的鲁棒性能分析和综合问题，使得系统的分析和综合方法更加有效、实用，因而也是抑制电力系统低频振荡提高电网稳定性的一个重要发展方向。

1.3 本书的主要内容

本书介绍的内容以抑制电力系统低频振荡提高电网稳定性为目的，对基于本地信息的电网稳定性控制策略进行了研究。本书内容共分7章。

第1章为绪论。介绍相关的研究背景和意义，并对电力系统低频振荡控制技术的国内外研究现状和发展趋势进行分析。

第2章为基于阻尼系数的电力系统低频振荡机理研究。内容包括：概述；低频振荡机理研究的现状概述；发电机阻尼系数的研究；阻尼系数对系统低频振荡的影响研究；本章小结。

第3章为基于SimPowerSystems的电网仿真。内容包括：概述；SimPowerSystems仿真工具（主要仿真模块模型简介、SimPowerSystems 仿真模型库和电力系统仿真模型的建立步骤）；仿真实例；本章小结。

第4章为电力系统动态研究的实用模型求解。内容包括：概述；电力系统的基本方程；小偏差线性化过程；电力系统状态空间实用模型求解；模型求解的程序实现；本章小结。

第5章为基于系统阻尼比的最优励磁控制器设计。内容包括：概述；相关研究基础；基于系统阻尼比的最优励磁控制器设计；仿真研究；本章小结。

第6章为基于Mamdani模糊推理的智能励磁控制。内容包括：概述；PID励磁控制原理；模糊PID励磁控制器的组成原理；MFPID的设计；MFPID-PSS分段切换控制策略；仿真研究；本章小结。

第7章为基于H_∞控制的电力系统输出反馈控制器设计。内容包括：概述；LMI简介；输出反馈H_∞控制问题求解；仿真实例；本章小结。

参 考 文 献

[1] Garrity T F. Getting smart. IEEE Power and Energy Magazine，2008，6（2）：38-45.

[2] Gungor V C，Lu B，Hancke G P. Opportunities and challenges of wireless sensor networks in smart grid. IEEE Transactions on Industrial Electronics，2010，57（10）：3557-3564.

[3] 宋墩文，杨学涛，丁巧林，等. 大规模互联电网低频振荡分析与控制方法综述. 电网技术，2011，35（10）：

22-28.

[4] 李建设，苏寅生，周剑. 地区电网低频振荡问题及其治理措施. 广东电力，2010，23（1）：5-9.

[5] Baxevanos I S，Labridis D P. Implementing multiagent systems technology for power distribution network control and protection management. IEEE Transactions on Power Delivery，2007，22（1）：433-443.

[6] 陈中，杜文娟，王海风，等. 电压稳定后紧急控制多代理系统框架. 电力系统自动化，2006，30（12）：33-37.

[7] 何飞，梅生伟，薛安成，等. 基于直流潮流的电力系统停电分布及自组织临界性分析. 电网技术，2006，30（14）：7-12.

[8] Chen J，Thorp J S，Dobson I. Cascading dynamics and mitigation assessment in power system disturbances via a hidden failure model. Electrical Power and Energy Systems，2005，27（4）：318-326.

[9] Phadke A G，Thorp J S. Expose hidden failures to prevent cascading outages in power systems. IEEE Computer Applications in Power，1996，9（3）：20-23.

[10] Joo S K，Kim J C，Liu C C. Empirical analysis of the impact of 2003 blackout on security values of U.S. utilities and electrical equipment manufacturing firms. IEEE Transactions on Power Systems，2007，22（3）：1012-1018.

[11] Dou C X，Yang J Z，Li X G. Decentralized coordinated control for large power system based on transient stability assessment. International Journal of Electrical Power and Energy Systems，2013，46：153-162.

[12] Tan W，Zhou H. Robust analysis of decentralized load frequency control for multi-area power systems. International Journal of Electrical Power and Energy Systems，2012，43（1）：996-1005.

[13] Benahdouga S，Boukhetala D，Boudjema F. Decentralized high order sliding mode control of multimachine power systems. International Journal of Electrical Power and Energy Systems，2012，43（1）：1081-1086.

[14] Mohamed T H，Morel J，Bevrani H，et al. Decentralized model predictive-based load-frequency control in an interconnected power system concerning wind turbines. IEEJ Transactions on Electrical and Electronic Engineering，2012，7（5）：487-494.

[15] Lee H J，Kim D W. Decentralized load-frequency control of large-scale nonlinear power systems：Fuzzy overlapping approach. Journal of Electrical Engineering and Technology，2012，7（3）：436-442.

[16] Ouassaid M，Maaroufi M，Cherkaoui M. Decentralized nonlinear adaptive control and stability analysis of multimachine power system. International Review of Electrical Engineering（IREE），2010，5（6）：2754-2763.

[17] 彭瑜，阳木林，徐敏. 基于 MATLAB 的电力系统非线性控制器的设计. 南昌大学学报，2008，30（2）：188-192.

[18] 韩英铎，高景德. 电力系统最优分散协调控制. 北京：清华大学出版社，1997.

[19] Wang Y Y，Hill D J，Guo G X. Robust decentralized control for multimachine power systems. IEEE Transactions on Circuits and Systems I：Fundamental Theory and Applications，1998，45（3）：271-279.

[20] Dehghani M，Nikravesh S K Y. Decentralized nonlinear H_∞ controller for large scale power systems. International Journal of Electrical Power and Energy Systems，2011，33（8）：1389-1398.

[21] 王海风，冯纯伯. 稳定器（PSS）在多机电力系统协调稳定中的分散镇定作用. 中国电机工程学报，1990，10（3）：47-53.

[22] Ramos R A，Alberto L F C，Bretas N G. A new methodology for the coordinated design of robust decentralized

power system damping controllers. IEEE Transactions on Power Systems，2004，19（1）：444-454.

[23] 谢小荣，夏祖华，崔文进，等. 考虑信息结构约束的协调型非线性优化励磁控制. 中国电机工程学报，2003，23（1）：1-5.

[24] Wang S H，Davision E J. On the stabilization of decentralized control systems. IEEE Transactions on Automatic Control，1973，18（5）：473-478.

[25] Alrifai M T，Hassan M F，Zribi M. Decentralized load frequency controller for a multi-area interconnected power system. International Journal of Electrical Power and Energy Systems，2011，33（2）：198-209.

[26] Sun M P，Nian X H. Nonlinear dencentralized control of interconnected large-scale power systems. Proceedings of the 27th Chinese Control Conference，Kunming，2008：699-703.

[27] 张凯锋，戴先中. 电力系统分散控制. 电力系统自动化，2003，27（19）：86-90.

[28] 陆娴，郭昊坤，陆国超. 同步电机最优励磁控制系统设计. 电工电气，2011，11：25-28.

[29] Yu H，Liu R Y，Chen X Y. Suppression of low-frequency oscillation in local power system by adaptive excitation control. Automation of Electric Power Systems，1998，22（9）：65-68.

[30] Wang M H，Guo D F，Jiang C M. An analysis method to evaluate damping characteristics of excitation systems in low frequency oscillation process. Automation of Electric Power Systems，2013，37（4）：47-50.

[31] Yazdchi M R，Boroujeni S M S. Power system stabilizer design based on model reference robust fuzzy control. Research Journal of Applied Sciences，Engineering and Technology，2012，4（8）：852-858.

[32] Ishimaru M，Yokoyama R，Neto O M，et al. Allocation and design of power system stabilizers for mitigating low-frequency oscillations in the eastern interconnected power system in Japan. International Journal of Electrical Power and Energy Systems，2004，26（8）：607-618.

[33] Zhong Z Z，Wang J C. A comparison and simulation study of robust excitation control strategies for single-machine infinite bus power system. International Journal of Modelling，Identification and Control，2009，7（4）：351-356.

[34] Talaq J. Optimal power system stabilizers for multi machine systems. International Journal of Electrical Power and Energy Systems，2012，43（1）：793-803.

[35] 朱方，赵红光，刘增煌，等. 大区电网互联对电力系统动态稳定性的影响. 中国电机工程学报，2007，27（1）：1-7.

[36] Wang S K. A novel objective function and algorithm for optimal PSS parameter design in a multi-machine power system. IEEE Transactions on Power Systems，2013，28（1）：522-531.

[37] Xu L. Coordinated control of SVC and PSS for transient stability enhancement of multi-machine power system. Telkomnika，2013，11（2）：1054-1062.

[38] Chen G，Sun Y Z，Cheng L，et al. A novel PSS-online re-tuning method. Electric Power Systems Research，2012，91：87-94.

[39] Zhang P，Coonick A H. Coordinated synthesis of PSS parameters in multi-machine power systems using the method of inequalities applied to genetic algorithms. IEEE Transactions on Power Systems，2000，15（2）：811-816.

[40] Yan R，Dong Z Y，Saha T K，et al. A power system nonlinear adaptive decentralized controller design. Automatica，

2010，46（2）：330-336.

[41] Huerta H，Loukianov A G，Cañedo J M. Robust multimachine power systems control via high order sliding modes. Electric Power Systems Research，2011，81（7）：1602-1609.

[42] Soliman M，Elshafei A L，Bendary F，et al. Robust decentralized PID-based power system stabilizer design using an ILMI approach. Electric Power Systems Research，2010，80（12）：1488-1497.

[43] Huerta H，Loukianov A G，Cañedo J M. Decentralized sliding mode block control of multimachine power systems. International Journal of Electrical Power and Energy Systems，2010，32（1）：1-11.

[44] Kenné G，Goma R，Nkwawo H. Real-time transient stabilization and voltage regulation of power generators with unknown mechanical power input. Energy Conversion and Management，2010，51（1）：218-224.

[45] Shahab M，Sarangapani J，Mariesa L C. Power system stabilization using adaptive neural network-based dynamic surface control. IEEE Transactions on Power Systems，2011，26（2）：669-680.

[46] Geun B K，Jin B P，Young H J. Robust fuzzy controller for large-scale nonlinear systems using decentralized static output-feedback. International Journal of Control，Automation and Systems，2011，9（4）：649-658.

[47] Yu W S. Design of a power system stabilizer using decentralized adaptive model following tracking control approach. International Journal of Numerical Modelling：Electronic Networks，Devices and Fields，2010，23（2）：63-87.

[48] Khosravi-Charmi M，Amraee T. Wide area damping of electromechanical low frequency oscillations using phasor measurement data. International Journal of Electrical Power and Energy Systems，2018，99：183-191.

[49] Younesi A，Shayeghi H，Moradzadeh M. Application of reinforcement learning for generating optimal control signal to the IPFC for damping of low-frequency oscillations. International Transactions on Electrical Energy Systems，2018，28（2）：1-23.

[50] Bamasak S M，Al-Turki Y A，Kumar R S. Design of weighted wide area damping controller（WWADC）based PSS for damping inter-area low frequency oscillations. Journal of Electrical Systems，2017，13（3）：429-443.

[51] 陈卓. 复杂电力系统分散协调控制的改进研究. 贵阳：贵州大学，2005.

[52] Dou C X，Duan Z S，Jia X B，et al. Delay-dependent robust stabilization for nonlinear large systems via decentralized fuzzy control. Mathematical Problems in Engineering，2011，（4）：264-265.

[53] 郭岗，王子须，牛文生，等. 非线性时滞关联大系统的分散控制. 四川大学学报，2011，43（1）：168-172.

[54] 武强，佟绍成. 基于区间二型模糊逻辑系统的非线性大系统模糊自适应分散控制. 辽宁工业大学学报（自然科学版），2011，31（1）：1-8.

[55] 肖小石，毛志忠. 时滞大系统的模型参考鲁棒自适应分散控制. 系统工程与电子技术，2011，33（11）：2501-2505.

[56] 杜正春，王毅，张强. 采用低阶动态补偿器的电力系统分散控制. 中国电机工程学报，2008，28（31）：15-21.

[57] 黄有建. 广义子系统的非线性控制及其在电力系统分散控制中的应用. 控制理论与应用，2008，27(8)：13-17.

[58] 何蔚超，姚强. 同步电机最优励磁控制系统的研究与仿真. 电工电气，2011，7：9-13.

[59] Jiang C X，Zhou J H，Shi P，et al. Ultra-low frequency oscillation analysis and robust fixed order control design. International Journal of Electrical Power and Energy Systems，2019，104：269-278.

第2章　基于阻尼系数的电力系统低频振荡机理研究

2.1　概　　述

电力系统之间通过联络线互联，在正常情况下，输送的功率基本是稳定的，但有时会发生功率在一定范围内的波动，其现象为在输电线路上出现一定幅值功率（或电流）有规则的振荡，若振荡的幅值不断增大，则电力系统不得不被解列，导致不同程度的电力事故。这种振荡的频率很低，一般为0.1～2.5Hz，称为低频振荡。由于其主要涉及发电机转子转速和电气功率的波动，所以也称为机电振荡[1]。低频振荡在大型互联电网中时有发生，常出现在长距离、重负荷输电线路，随着电网规模的不断扩大，电力系统的低频振荡问题已成为威胁电网安全稳定运行，制约电网传输能力的重要因素之一。深入研究低频振荡的产生机理是分析低频振荡起因和采取控制方法抑制低频振荡的基础，对于设计有效的控制器来抑制低频振荡将起到积极作用。

从低频振荡发生至今，在机理方面的研究主要集中在以下几个方面：负阻尼机理、共振或谐振机理、非线性机理。这些机理均从某一方面解释了电力系统低频振荡产生的原因，但由于电力系统本身的复杂性和非线性，所以对电力系统低频振荡机理的研究尚无定论。尤其是在如今大机组、跨区域联网的新阶段，低频振荡频频发生，如何结合线路长度、负荷大小、机组容量等因素来研究电力系统低频振荡的机理具有重要的理论意义和实际价值。

研究表明[2-7]，阻尼系数（或阻尼转矩）的强弱对发电机的动态行为，特别是低频振荡过程将有明显影响。本章从发电机阻尼系数入手，分析线路长度、机组容量、联络线传输功率和本地负荷等因素对阻尼系数的影响，并结合发电机转子运动方程，通过求解发电机功角偏差的时域响应来说明阻尼系数对电力系统低频振荡的影响机理。

本章的组织结构如下：2.1节为概述；2.2节为低频振荡机理研究的现状概述；

2.3 节为发电机阻尼系数的研究；2.4 节为阻尼系数对系统低频振荡的影响研究；2.5 节为本章小结。

2.2　低频振荡机理研究的现状概述

2.2.1　负阻尼机理

1969 年，Demello 和 Concordia 以单机无穷大系统为对象，利用阻尼转矩的概念对低频振荡产生的机理进行了研究。研究发现，快速励磁系统的放大倍数较高，会使系统产生负的阻尼转矩，进而减弱或抵消系统固有的正阻尼转矩，系统总的阻尼特性变弱，系统阻尼不够从而产生低频振荡。

电力系统低频振荡的负阻尼理论使人们对电力系统低频振荡的认识有了很大提高。该机理概念清晰，物理意义明确，在实践中得到了广泛的应用，例如，PSS 的设计便是以此理论为依据。研究表明[8-13]，为了保证故障下电网的稳定，许多大容量机组均安装了高顶值快速响应的励磁调节器，以保证故障下尽可能地提供电压支撑，但这样会使系统的阻尼严重恶化。此时，如果系统发生小扰动，其振荡过程或者很难衰减，或者振荡逐渐增幅，导致系统失稳。在 PSS 设计时，通常选发电机某一参数作为输入量，通过一个惯性微分环节滤去直流部分，得到动偏差，然后经过一个适当的相位补偿环节，使其输出量经励磁功率单元及发电机励磁绕组的延迟后产生一个与转子角频率偏差基本相同的附加电磁转矩，使发电机的阻尼增加，从而抑制系统可能产生的低频振荡。

2.2.2　共振或谐振机理

共振或谐振机理认为，当发电机受到外界持续的、周期性的扰动的频率与系统固有频率接近时，会引起系统的谐振现象发生，从而产生大幅度的功率振荡或共振形式的低频振荡现象。这种形式的振荡具有起振快、起振后能保持等幅同步振荡以及振荡源消失后振荡衰减很快等特点。文献[14]指出发电机调节控制系统耦合干扰造成的强迫共振型低频振荡经常发生，并进一步指出干扰所引起的响应不仅与电力系统本身的特性有关而且还与干扰的变化规律有关。文献[15]通过对实际功频调速控制的分析，指出采用电功率前馈方式将使机械功率阻尼减小，并且当阻尼比小于特定值并且当电网侧扰动频率等于或接近于共振频率时，汽轮机机械功率振幅达到最大，而且其幅值是扰动幅值的数倍，进而会引起转子和发电机功率大幅低频振荡。文献[15]中还指出，当系统中某些机组共振频率接近时，某机在小扰动下引起的振荡，可能在机组间被耦合放大。文献[16]从理论上探讨了非简谐周期性扰动下的电力系统强迫振荡，并通过时域仿真分析单机无穷大系统和多机系统中汽轮机复杂压力脉动、准周期压力脉动及冲击性压力脉动对电力系统稳定性的影响，研究表明，汽轮机压力脉动的类型复杂，频率成分丰富，其中复杂压力脉动如果含有与电力系统固有频率一致的脉动分量时，会引发电力系统共振机理的低频振荡。文献[17]根据汽轮机功率扰动引起电力系统低频振荡的共振机理，研究了汽轮机功率变化的原因。应用 MATLAB 建立了火力发电厂动力系统和电力系统相互作用的机网耦合模型，详细分析了锅炉燃烧率扰动和汽轮机调节气门扰动能否引起汽轮机功率变化。仿真分析表明，当调节气门扰动频率与电力系统自然振荡频率一致或接近时，均可能引起电力系统发生共振机理的低频振荡。文献[18]从能量角度分析了电力系统在发生共振机理低频振荡过程中内、外能量的变化关系和特征。采用仿真软件 MATLAB 对河北南网安保线的功率振荡进行了仿真和能量分析，仿真结果清晰地展示了共振机理低频振荡的物理过程。

2.2.3　非线性机理

1. 分歧机理

电力系统是一个复杂的非线性动力学系统，研究表明，对于非线性动力学系统，当系统的某个参数发生变化时，系统的形态，如稳定特性、平衡点的数目、轨道的拓扑结构等，将无法从一种流形连续地变化为另一种流形，这就是分歧现象，发生分歧时对应的参数值或状态值称为分歧点。

研究表明，电力系统产生低频振荡的原因是随着系统参数的变化，电力系统发生了 Hopf 分歧。文献[19]利用 Hopf 分歧理论，针对一个四阶模型的单机无穷大系统，分析了在临界点附近可能出现的非线性奇异现象。研究表明，系统在重负荷快速励磁的情况下，放大倍数的临界值减小，因此在小扰动作用下易发生增幅性低频振荡，而亚临界分歧的存在使得这种情况更加恶化。文献[20]利用 Hopf 分歧理论和中心流形理论，揭示了低频振荡中的非线性奇异现象。文献[20]指出，考虑到电力系统全部的非线性特性、系统存在多个平衡点、转折点和分歧点的存在，电力系统在虚轴附近也会出现奇异现象，也就是说，即使系统的全部特征根都在虚轴左侧，系统非线性造成的分歧也可能导致电力系统低频增幅振荡的发生。

2. 混沌机理

混沌现象是在完全确定的模型下产生的不确定现象，实际上是由非线性系统中各种参数相互作用而导致的一种非常复杂的现象。混沌现象具有一些典型特征，如混沌系统对初始点具有敏感性和依赖性，这种敏感性和依赖性是指任意两条轨道无论其初始运行点多么接近，随着时间的变化，两条轨道的运行轨迹将截然不同[21]。

文献[22]对于经典模型下的 3 机系统进行了研究，研究表明，在瞬时扰动结束后，即使不再存在周期性的激励，只要系统的时间响应曲线不是理想的两群动态，就会发生混沌现象。并得出如下结论：仅有阻尼而无周期性扰动时，系统不会出现混沌振荡；在周期性扰动负荷的作用下，当扰动的值超过一定程度时，系统会出现混沌振荡；在周期性扰动负荷的作用下，当阻尼系数接近某一数值时，系统将会发生混沌振荡。文献[23]利用非线性动力学的基本理论，并基于一个 3 节点电力系统，给出了电力系统导致混沌出现的两种不同途径。一种途径是连续倍周期分叉会导致混沌振荡的出现，即系统由最初的单周期分叉出倍周期，接着分叉出 4 周期、8 周期等，如此进行下去，系统最终将会出现混沌振荡现象。另一种途径是经由初始能量直接激发混沌。当发电机转子角速度的偏差达到某个特殊值时，系统将会收敛到混沌吸引子上，若此时发电机转子角速度的偏差继续变大，系统将会出现混沌振荡现象。

通过对以上电力系统低频振荡相关机理的分析，不难看出，负阻尼机理和非线性机理与系统的固有结构和参数有关，而共振或谐振机理则与扰动信号有关，以上几种观点都从某一方面解释了低频振荡产生的机理，但由于电力系统本身的非线性和复杂性，对电力系统低频振荡产生的根本原因尚无定论，值得进一步研究。

本章接下来的内容将结合电力系统的线路长度、负荷大小、装机容量等因素，从发电机阻尼系数出发，对电力系统低频振荡产生的机理进行分析和研究。

2.3　发电机阻尼系数的研究

同步发电机的转子绕组在与定子绕组的相对位置发生动态改变时或定子电流所形成的旋转磁场的转速与转子实际转速存在转速差 s（s 为转差率）时，转子绕组就会出现感应电流，相应就会产生感应力矩，称为阻尼转矩。当发电机不具备人工阻尼或人工阻尼不够时，阻尼转矩的强弱对发电机的动态行为，特别是低频振荡过程将有明显影响。阻尼转矩越大，对低频振荡的抑制效果越好。发电机在微扰动量的作用下，可近似认为阻尼功率与转差率 s 成正比，即 $P_D = Ds$，D 为阻尼系数。

对于如图 2.1 所示的互联系统而言，文献[2]给出了阻尼系数 D 的表达式：

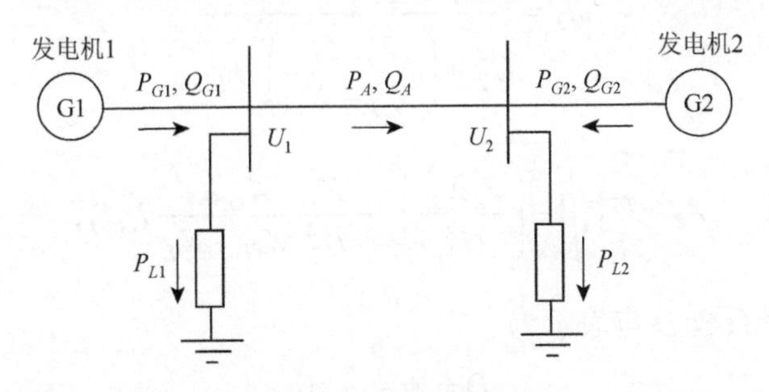

图 2.1　互联系统

$$D=\frac{C_D}{2H_j}\frac{X_G}{X_G+X_L}\frac{1}{U_2^4+\left(\frac{X_G X_L}{X_G+X_L}\right)^2 P_{L1}^2}\left[U_2^4\sqrt{1-\left(\frac{P_A X_L^2}{U_2^2}\right)^2}-\frac{X_L}{U_2^4}\frac{X_G X_L}{X_G+X_L}P_A P_{L1}\right] \tag{2.1}$$

式中，

$$C_D = U^2\left[\left(\frac{1}{X'_d}-\frac{1}{X_d}\right)T'_d+\left(\frac{1}{X''_d}-\frac{1}{X'_d}\right)T''_d+\left(\frac{1}{X''_q}-\frac{1}{X_q}\right)T''_q\right]w_0 \quad (2.2)$$

图 2.1 中，P_G 和 Q_G 分别表示本地的有功功率和无功功率；P_A 和 Q_A 分别表示两区互联线路上的有功功率和无功功率。式（2.1）和式（2.2）中 U_1 和 U_2 分别为左右两区的端电压；P_{L1} 和 P_{L2} 分别为左右两区的本地负荷；X_G 为发电机的电抗；X_L 为联络线路电抗；H_j 为发电机转子惯性时间常数；X_d 为同步发电机 d 轴同步电抗；X_q 为同步发电机 q 轴同步电抗；X'_d 为同步发电机 d 轴暂态电抗；X''_d 为同步发电机 d 轴次暂态电抗；X''_q 为同步发电机 q 轴次暂态电抗；T'_d 为发电机 d 轴暂态时间常数；T''_d 为 d 轴次暂态时间常数；T''_q 为 q 轴暂态时间常数；w_0 为发电机转子同步速。

下面对互联系统间发电机的阻尼系数 D 做如下分析。

令

$$A_1 = \frac{C_D}{2H_j}$$

$$A_2 = \frac{X_G}{X_G + X_L}$$

$$A_3 = \frac{1}{U_2^4 + \left(\dfrac{X_G X_L}{X_G + X_L}\right)^2 P_{L1}^2}$$

$$A_4 = U_2^4\sqrt{1-\left(\frac{P_A X_L^2}{U_2^2}\right)^2} - \frac{X_L}{U_2^4}\frac{X_G X_L}{X_G + X_L}P_A P_{L1}$$

则发电机的阻尼系数 D 可表示为

$$D = A_1 A_2 A_3 A_4$$

观察 A_1、A_2、A_3、A_4 的表达形式不难看出，这四个因子对发电机阻尼系数 D 的影响如下：A_1 反映了发电机本身阻尼的影响；A_2 反映了发电机电抗和联络线路电抗的影响；A_3 反映了发电机机头负荷的影响；A_4 反映了两区联络线上传输功率对 D 的影响。

由式（2.1）可以得出如下结论。

（1）若两区联络线电抗 X_L 加大，则使阻尼系数 D 明显减小。显然，联络线越长，X_L 越大，因而长距离输电线路将导致阻尼系数减小。

（2）如果 X_G 减小，H_j 加大，将使阻尼系数减小。一般情况下，若装机容量增加，则会使机组转子惯性时间常数加大，同时会使机组 X_G 减小，所以大容量机组的装设也将导致阻尼系数减小。

（3）若两区联络线上的传输功率 P_A 增加，则将会使 A_4 明显减小，从而使阻尼系数减小，这就意味重负荷线路容易导致阻尼系数的减小。如果出现 $A_4 < 0$ 的情况，还会使 D 为负值。

（4）从 A_2 的表达式不难看出，如果是本地负荷，若 P_{L1} 增加，则 A_2 减小，从而使阻尼系数减小。

从以上的分析可以看出，电力系统长距离、重负荷的输电容易导致低频振荡的产生，这和实际情况是吻合的。

2.4　阻尼系数对系统低频振荡的影响研究

在 2.3 节中，对发电机的阻尼系数 D 进行了研究，并得出不同因素对阻尼系数影响的若干结论。在本节中，从电力系统转子运动方程出发，推导出功角偏差状态量的时域表达式，进而说明阻尼系数对系统低频振荡影响的机理。

下面将通过定理 2.1 来说明功角偏差状态量和发电机阻尼系数之间的关系。

定理 2.1　如果发电机的阻尼系数 D 为负值，则发电机功角偏差的时域响应将是发散振荡的，如果发电机的阻尼系数 D 为正值，则发电机功角偏差的时域响应将是稳定的。

证明　根据文献[24]，线性化的转子运动方程可表示为

$$\frac{H_j}{w_0}\Delta\dot{w} = \Delta P_m - \Delta P_e - \Delta P_D \tag{2.3}$$

式中，H_j 为发电机转子惯性时间常数，单位为 s；w_0 为发电机同步角速度，单位为 rad/s；$\dot{w}$ 为发电机转子角速度，单位为 rad/s，$\Delta\dot{w}$ 为其偏差量；P_m 为发电机机械功率，ΔP_m 为其偏差量；P_e 为发电机电磁功率，ΔP_e 为其偏差量；P_D 为发电机的机械损耗功率，ΔP_D 为其偏差量。

根据文献[2]，可得

$$\Delta\dot{\delta} = \Delta w$$

$$\Delta P_D = \frac{D}{w_0}\Delta\dot{\delta}$$

式中，$\dot{\delta}$ 为发电机的功角，rad，$\Delta\dot{\delta}$ 为其偏差量。

设 $\Delta P_e = \dfrac{K_S\Delta\delta}{2w_0}$，其中 K_S 为与发电机同步转矩系数有关的常数。在微扰动量的作用下，ΔP_m 可近似认为等于 0，于是有

$$\Delta\dot{w} = -\frac{w_0}{H_j}\frac{K_S}{2w_0}\Delta\delta - \frac{w_0}{H_j}\frac{D}{w_0}\Delta\dot{\delta} \tag{2.4}$$

根据 $\Delta\dot{\delta} = \Delta w$，进一步可将式（2.4）变为如下形式：

$$\Delta\ddot{\delta} + \frac{D}{H_j}\Delta\dot{\delta} + \frac{K_S}{2H_j}\Delta\delta = 0$$

化简后，则有

$$2H_j\Delta\ddot{\delta} + 2D\Delta\dot{\delta} + K_S\Delta\delta = 0 \tag{2.5}$$

令 $K_D = 2D$，则式（2.5）可变为

$$2H_j\Delta\ddot{\delta} + K_D\Delta\dot{\delta} + K_S\Delta\delta = 0 \tag{2.6}$$

式（2.6）的解具有如下形式：

$$\Delta\delta(t) = A_0\mathrm{e}^{-\beta t}\cos\left(\sqrt{w_u^2 - \beta^2}\,t + \varphi_0\right) \tag{2.7}$$

式中，

$$w_u = \sqrt{K_S / (2H_j)}$$

$$\beta = K_D / (4H_j) = D / (2H_j)$$

A_0 和 φ_0 为由初始条件决定的常数。

由式（2.7）可以看出，若阻尼系数 D 为负值，则 β 为负值，电力系统增幅振荡将会发生；若阻尼系数 D 为零值，则 β 为零值，低频振荡为持续等幅振荡；若阻尼系数 D 为正值，则 β 为正值，低频振荡将会经历若干周期后平息。

证明完毕。

不同阻尼系数情况下系统的低频振荡情况如图 2.2 所示，其中 β 记为 beta，$\Delta\delta(t)$ 记为 delta-delta(t)，为简明起见，仿真中将 β 设置为−0.1(beta＜0)、0(beta = 0)

和 0.1(beta＞0)三种情况。

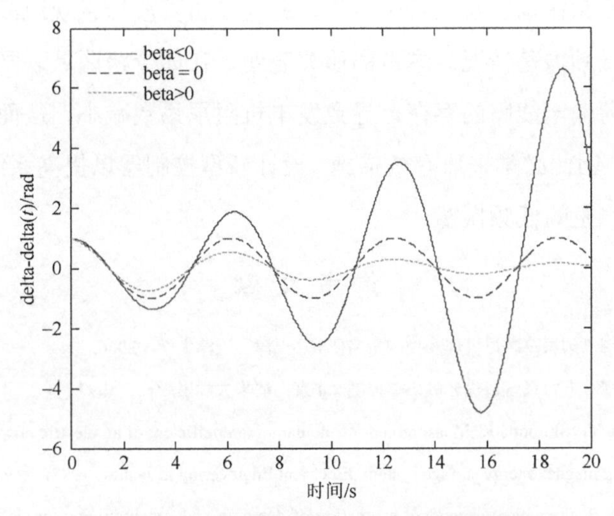

图 2.2　不同阻尼系数情况下系统的低频振荡情况

从定理 2.1 的证明过程可以看出，发电机的阻尼系数对系统的低频振荡有明显影响，具体结论如定理 2.1 所述。

在互联系统中，发电机的阻尼特性对整个系统的阻尼特性有很大影响，发电机的阻尼系数减小，会使整个电力系统阻尼特性变弱，根据负阻尼机理，电力系统更容易发生低频振荡[25-27]。为了抑制电力系统的低频振荡，提高电力系统的稳定性，必须增强系统的阻尼特性。如今我国的电力系统已步入大电网、大机组、跨区域联网的新阶段，因而存在大量长距离、重负荷输电线路，由 2.3 节的分析可知，这些因素都会导致阻尼系数的减小，从而降低整个系统的阻尼特性，低频振荡将更容易发生。

2.5　本 章 小 结

本章从发电机阻尼系数的角度，对电力系统低频振荡的机理进行了研究。基于对阻尼系数 D 的解析表达式的分析，本章将影响阻尼系数的因素归纳为四个因子，即发电机本身阻尼、发电机电抗和联络线路电抗、发电机机头负荷、联络线上传输的功率等，进一步通过分析得到了各因素对阻尼系数影响的具体结论。最后，根据发电机转子运动方程，求解出功角偏差状态量的时域表达式，得到了阻尼系数对系统低频振荡影响的若干结论，并通过仿真波形直观地演示了不同阻尼情况下系统的低频振荡情况。本章的研究表明，在如今跨区域联网的新形势下，长距离、重负荷输电线路的存在，导致发电机阻尼系数减小，从而使整个系统的阻尼特性减弱。因此必须采取有效措施，设计新型控制器以提高系统的阻尼特性，抑制系统可能产生的低频振荡。

参 考 文 献

[1] 赵辉. 电力系统低频振荡阻尼机理及控制策略研究. 天津：天津大学，2006.

[2] 韩英铎，高景德. 电力系统最优分散协调控制. 北京：清华大学出版社，1997.

[3] Shirai Y，Nitta T，Shimoda K. Measurement of the damping coefficient of an electric power system by use of a superconducting magnet energy storage system. Electrical Engineering in Japan，1997，119（3）：40-48.

[4] Jalayer R，Ooi B. Frequency dependant estimation of damping and synchronizing torque coefficients in power systems. 2012 IEEE Power and Energy Society General Meeting，San Diego，2012：1-7.

[5] Yousef A M，El-Sherbiny M K. Improvement of synchronizing and damping torque coefficients based LQR power system stabilizer. International Conference on Electrical，Electronic and Computer Engineering，Cairo，2004：753-758.

[6] Deoliveira S. Synchronizing and damping torque coefficients and power-system steady-state stability as affected by static var compensators. IEEE Transactions on Power Systems，1994，9（1）：109-116.

[7] Lauw H K. Determination of electro-mechanical damping coefficients for power-system transient stability studies. IEEE Transactions on Power Apparatus and Systems，1979，98（1）：1-9.

[8] Huang S G，Wu B，Xia Y H. A novel multi-function digital excitation regulator of the synchronous generator. IEEE International Conference on Industrial Technology，Chengdu，2008：121-125.

[9] Ghazizadeh M S，Hughes F M. A generator transfer function regulator for improved excitation control. IEEE Transactions on Power Systems，1998，13（2）：435-441.

[10] Ji Q S，Wu Y Q，Hao H Y. Excitation system with voltage regulator for marine-use brushless synchronous generators. International Conference on Manufacturing Science and Technology，Singapore，2011：383-390.

[11] Liu H，Hu Z C，Song Y H. Lyapunov-based decentralized excitation control for global asymptotic stability and voltage regulation of multi-machine power systems. IEEE Transactions on Power Systems，2012，27（4）：2262-2270.

[12] Mahmud M A，Pota H R，Hossain M J. Full-order nonlinear observer-based excitation controller design for interconnected power systems via exact linearization approach. International Journal of Electrical Power and Energy Systems，2012，41（1）：54-62.

[13] Shi J，Tang Y J，Xia Y J. SMES based excitation system for doubly-fed induction generator in wind power application. IEEE Transactions on Applied Superconductivity，2011，21（3）：1105-1108.

[14] 董清，张玲，颜湘武. 电网中强迫共振型低频振荡源的自动确定方法. 中国电机工程学报，2012，32（8）：68-75.

[15] 竺炜，周有庆，谭喜意. 电网侧扰动引起共振型低频振荡的机制分析. 中国电机工程学报，2009，29（25）：37-42.

[16] 韩志勇，贺仁睦，徐衍会. 由汽轮机压力脉动引发电力系统共振机理的低频振荡研究. 中国电机工程学报，2005，25（21）：14-18.

[17] 徐衍会，贺仁睦，韩志勇. 电力系统共振机理低频振荡扰动源分析. 中国电机工程学报，2007，27（17）：83-87.

[18] 韩志勇，贺仁睦，徐衍会. 基于能量角度的共振机理电力系统低频振荡分析. 电网技术，2007，31（8）：13-16.

[19] 邓集祥，马景兰. 电力系统中非线性奇异现象的研究. 电力系统自动化，1999，23（22）：1-4.

[20] 邓集祥，刘广生，边二曼. 低频振荡中的 Hopf 分歧研究. 中国电机工程学报，1997，17（6）：391-398.

[21] 李强，袁越，周海强. 浅谈电力系统低频振荡的产生机理、分析方法及抑制措施. 继电器，2005，33（9）：78-84.

[22] 檀斌，薛禹胜. 多机系统混沌现象的研究. 电力系统自动化，2001，25（2）：3-8.

[23] 贾宏杰，余贻鑫，王成山. 电力系统混沌现象及相关研究. 中国电机工程学报，2001，21（7）：26-30.

[24] 卢强，王仲鸿，韩英铎. 输电系统最优控制. 北京：科学出版社，1982.

[25] Xu Q S，Zang H X，Shi L J. Researches on power system low-frequency oscillations damping with FESS. International Review of Electrical Engineering（IREE），2011，6（5）：2537-2544.

[26] Prasertwong K，Mithulananthan N，Thakur D. Understanding low-frequency oscillation in power systems. International Journal of Electrical Engineering Education，2010，47（3）：248-262.

[27] Xu G G，Chen C，Sun Q. Analyzing the influence of induction motor inertia on power system low frequency oscillation. Electric Power Components and Systems，2005，33（5）：551-561.

第3章　基于SimPowerSystems的电网仿真

3.1　概　　述

近年来，我国电力工业发展迅速，电力系统已步入大电网、大机组、交直流混合远距离输电、跨区域联网的新阶段。实际电力系统具有大规模、高复杂性、大投入、高技术密集性和高安全风险性等特点，因此在电力系统稳定性控制领域的相关研究中，为保证电力网络安全稳定运行，寻求一种接近电力系统实际运行状况的数字仿真工具变得十分重要。

本章正是从基于SimPowerSystems平台的电力系统仿真入手，研究借助于软件平台实现电力系统建立和运行的一般流程。

本章的组织结构如下：3.1节为概述；3.2节为SimPowerSystems仿真工具；3.3节为仿真实例；3.4节为本章小结。

3.2　SimPowerSystems仿真工具

电力系统是一个大规模、时变的复杂系统，因此对大型电网进行建模比较困难。目前国内外利用仿真软件进行复杂电力系统建模和仿真还处于探索阶段。

针对电力系统分析国内外已有若干仿真软件。其中，PSASP是中国电力科学研究院开发的电力系统分析综合程序，具有潮流计算、暂态分析、小信号稳定分析等众多功能，是当前我国不可多得的小干扰分析工具[1]。另外还有美国邦纳维尔电力局开发的BPA程序和EMTP程序，加拿大曼尼托巴高压直流输电研究中心开发的PSCAD/EMTDC程序，美国加利福尼亚大学伯克利分校研制的PSPICE，美国电力技术公司（Power Technology Incorporation）开发的PSS/E等[2, 3]。在MathWorks公司开发的科学与工程计算软件MATLAB中有专门针对电力系统设计的SimPowerSystems库。这里面有大量电力系统常用元器件，包括变压器、发电机、线路和负载等，功能较为全面。SimPowerSystems 库提供了一种类似电路建模的方式进行模型绘制，在仿真前自动将仿真系统图变成状态方程描述的系统形式，然后在 Simulink 下进行仿真分析[4, 5]。

相对于 PSPICE 等仿真软件，SimPowerSystems 中的模型更加关注器件的外特性，使其更方便与控制系统相连接。SimPowerSystems 模型库中包含常用的电源模块、变压器模块、电机模块、负载模块、线路模块、电力电子器件模块、控制和测量模块，使用这些模块能够进行电力系统、电力电子系统、电力传统系统等的仿真，使编程工作更加简单，以图形方式使复杂电气系统的仿真变得更加直观易用。

3.2.1　主要仿真模块模型简介

本小节主要对电力系统中各主要元件的数学模型进行论述，主要包括同步发电机模型、变压器模型、输电线路模型和负荷模型[6-10]。

1. 同步发电机模型

由等效电路和派克变换，并考虑发电机电压平衡方程和转子各绕组电磁暂态方程，可以得到同步发电机的数学模型：

$$
\begin{cases}
U_d = -RI_d + X_q'' I_q + E_d'' \\
U_q = -RI_q - X_d'' I_d + E_q'' \\
T_{d0}' \dfrac{\mathrm{d}E_q'}{\mathrm{d}t} = E_{fd} - E_q \\
E_q = E_q' + (X_d - X_d')I_d \\
T_{d0}'' \dfrac{\mathrm{d}E_q''}{\mathrm{d}t} = -E_q'' + E_q' - (X_d' - X_d'')I_d + T_{d0}'' \dfrac{\mathrm{d}E_q'}{\mathrm{d}t} \\
T_{q0}'' \dfrac{\mathrm{d}E_q''}{\mathrm{d}t} = -E_d'' + (X_q' - X_q'')I_q
\end{cases}
\tag{3.1}
$$

式中，R 为各绕组电阻；U_d 为 d 轴电压；U_q 为 q 轴电压；I_d 为 d 轴电流；I_q 为

q 轴电流；X_d 为同步发电机 d 轴同步电抗；X_d' 为同步发电机 d 轴暂态电抗；X_q' 为同步发电机 q 轴暂态电抗；X_d'' 为 d 轴次暂态电抗；X_q'' 为 q 轴次暂态电抗；E_{fd} 为同步发电机励磁绕组的电动势；E_q 为 q 轴电动势；E_q' 为 q 轴暂态电动势；E_d'' 为 d 轴次暂态电动势；E_q'' 为 q 轴次暂态电动势；T_{d0}' 为同步发电机 d 轴暂态开路时间常数；T_{d0}'' 为同步发电机 d 轴次暂态开路时间常数；T_{q0}'' 为同步发电机 q 轴次暂态开路时间常数。

同步发电机的转子运动方程为

$$\begin{cases} H_j \dfrac{\mathrm{d}w}{\mathrm{d}t} = w_0(P_m - P_e - P_D) \\ \dfrac{\mathrm{d}\delta}{\mathrm{d}t} = w - w_0 \end{cases} \tag{3.2}$$

式中，H_j 为机组转子惯性时间常数；w 为转子角速度；w_0 为发电机同步角速度；P_m 为发电机的机械功率；P_e 为发电机的电磁功率；P_D 为发电机的机械损耗功率；δ 为发电机的功角。

式（3.1）和式（3.2）共有 5 个一阶微分方程，通常称为发电机的五阶模型。

MATLAB 软件中，三相同步电机模型在 SimPowerSystems 工具箱的 Machines 子库中，如图 3.1 所示。

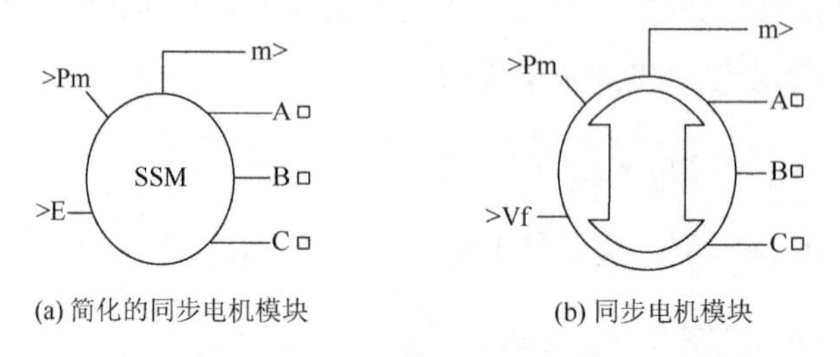

图 3.1　同步电机模块

在简化的同步电机模块中，包括采用标幺值的简化同步电机模块和采用国际单位制的简化同步电机模块两种；在同步电机模块中，包括采用标幺值的基本同步电机模块、采用标幺值的标准同步电机模块和采用国际单位制的基本同步电机模块等。

以采用标幺值的标准同步电机模块为例，其在 MATLAB 中的参数设置窗口如图 3.2 所示。

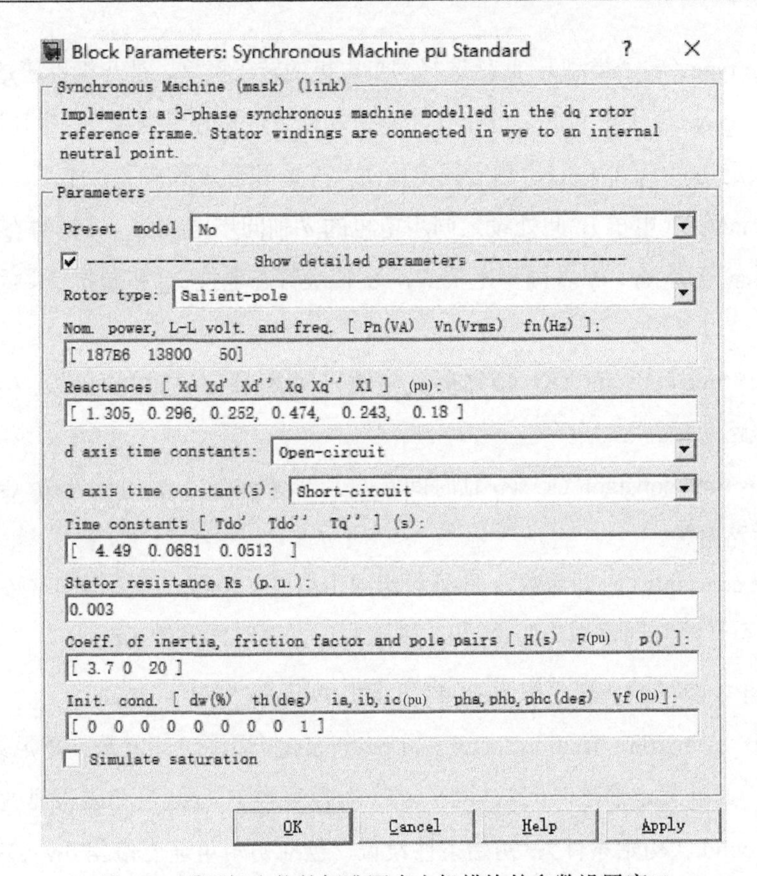

图 3.2　采用标幺值的标准同步电机模块的参数设置窗口

Preset model（预设模型）：设定模型，此处可选择系统提供的同步电机参数模型，此处提供了给定额定值（频率、线电压、容量和额定转速）的多种参数模型供选择，如图 3.3 所示。若不使用参数模型，则可选择 No。

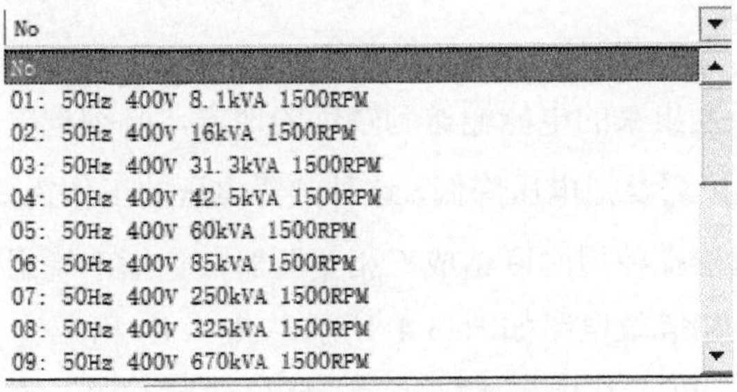

No
No
01: 50Hz 400V 8.1kVA 1500RPM
02: 50Hz 400V 16kVA 1500RPM
03: 50Hz 400V 31.3kVA 1500RPM
04: 50Hz 400V 42.5kVA 1500RPM
05: 50Hz 400V 60kVA 1500RPM
06: 50Hz 400V 85kVA 1500RPM
07: 50Hz 400V 250kVA 1500RPM
08: 50Hz 400V 325kVA 1500RPM
09: 50Hz 400V 670kVA 1500RPM

图 3.3　同步电机参数模型

Rotor type（转子类型）：此处选择同步电机的转子类型，是凸极机还是隐极机。

Nom. power，L-L volt. and freq.（额定功率、线电压和频率）：此处设定同步电机的额定功率 P_{n}（V·A）、额定线电压 V_{n}（V）和额定频率 f_{n}（Hz）。

Reactances（电抗）：此处设定同步电机的 d 轴同步电抗 X_d，d 轴暂态电抗 X_d'，d 轴次暂态电抗 X_d''，q 轴同步电抗 X_q，q 轴次暂态电抗 X_q'' 和漏抗 X_{l}，均采用标幺值。

d axis time constant（s）（d 轴时间常数）：此处设定 d 轴时间常数（s），分为开路和短路两种。

q axis time constant（s）（q 轴时间常数）：此处设定 q 轴时间常数（s），分为开路和短路两种。

Time constants（时间常数）：此处设定同步电机 d 轴暂态开路时间常数 Td_0' (s)、d 轴次暂态开路时间常数 Td_0'' (s) 和 q 轴次暂态短路时间常数 Tq_0'' (s)。

Stator resistance（定子电阻）：设定定子电阻 R_{s}（p.u.）。

Coeff. of inertia，friction factor and pole pairs（惯性时间常数、阻尼系数和磁极对数）：此处设定惯性时间常数 H（s）、阻尼系数 F（p.u.）和磁极对数 p 的值。

Init. cond.（初始条件）：初始条件设置，包括初始角速度偏差 dw（%），转子初始角度 th（°），线电流 i_{a}、i_{b}、i_{c}（p.u.），初始相角 $\mathrm{ph_a}$、$\mathrm{ph_b}$、$\mathrm{ph_c}$（°）和励磁电压 V_{f}（p.u.）。

Simulate saturation：选择同步电机是否处于饱和状态，若需要考虑定子和转子的饱和情况，则选中该项并进行相应的设置。

2. 变压器模型

为了把发电厂发出来的电能输送到较远的地方，必须把电压升高，变为高压电，到用户附近再按需要把电压降低，这种升降电压的工作需要使用电力变压器。电力系统中的变压器在使用时联结成三相变压器，包括双绕组变压器和三绕组变压器。变压器的单相等效电路如图 3.4 所示，R_1、R_2 和 R_3 分别是变压器三个绕组的电阻，L_1、L_2 和 L_3 分别是变压器三个绕组的漏电感，R_{m} 和 L_{m} 分别是变压器的励磁电阻和励磁电感。

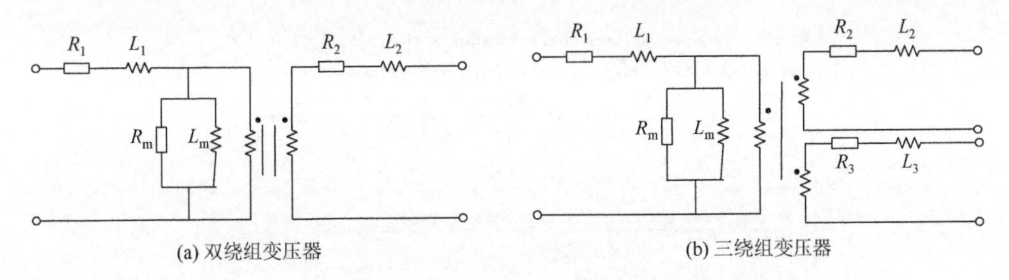

(a) 双绕组变压器　　(b) 三绕组变压器

图 3.4　变压器的单相等效电路

变压器铭牌上所给的主要参数如下：

（1）短路情况下的功率损耗与电压百分比；

（2）空载情况下的功率损耗与电流百分比。

而 MATLAB 仿真所需要的参数并不是铭牌所给定的参数，需要计算才能得出所需参数。

以三相双绕组变压器和三相三绕组变压器为例，在 SimPowerSystems 工具箱的 Elements 子库中，对应的变压器仿真模块模型如图 3.5 所示。

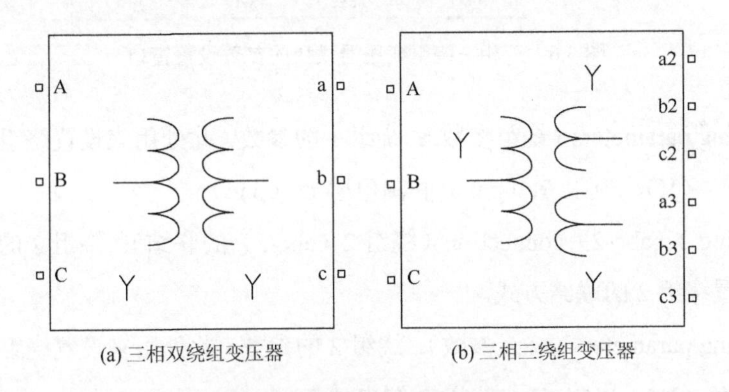

(a) 三相双绕组变压器　　(b) 三相三绕组变压器

图 3.5　变压器仿真模块模型

以三相三绕组变压器为例，其在 MATLAB 中的参数设置窗口如图 3.6 所示。

Nominal power and frequency（额定功率和频率）：额定功率 P_n（V·A）和频率 f_n（Hz），此处用来设置变压器的额定功率和频率。

Winding 1（ABC）connection（绕组 1（ABC）的联结）：绕组 1 的联结，此处用来设置绕组 1 的联结方式。

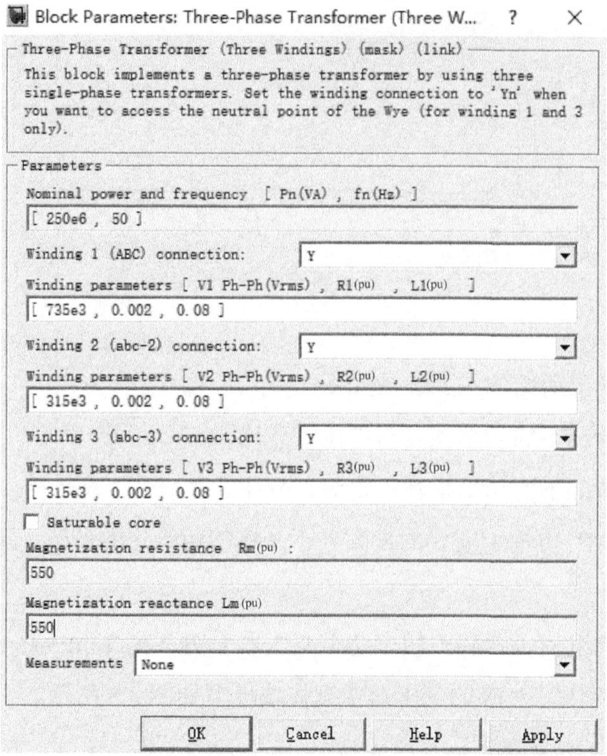

Block Parameters: Three-Phase Transformer (Three W...

Three-Phase Transformer (Three Windings) (mask) (link)

This block implements a three-phase transformer by using three single-phase transformers. Set the winding connection to 'Yn' when you want to access the neutral point of the Wye (for winding 1 and 3 only).

Parameters

Nominal power and frequency [Pn(VA) , fn(Hz)]

[250e6 , 50]

Winding 1 (ABC) connection: Y

Winding parameters [V1 Ph-Ph(Vrms) , R1(pu) , L1(pu)]

[735e3 , 0.002 , 0.08]

Winding 2 (abc-2) connection: Y

Winding parameters [V2 Ph-Ph(Vrms) , R2(pu) , L2(pu)]

[315e3 , 0.002 , 0.08]

Winding 3 (abc-3) connection: Y

Winding parameters [V3 Ph-Ph(Vrms) , R3(pu) , L3(pu)]

[315e3 , 0.002 , 0.08]

Saturable core

Magnetization resistance Rm(pu) :

550

Magnetization reactance Lm(pu)

550

Measurements None

OK　Cancel　Help　Apply

图 3.6　三相三绕组变压器模块的参数设置窗口

Winding parameters（绕组参数）：绕组 1 的参数，此处用来设置绕组 1 的线电压有效值 V_1（V）、电阻 R_1（p.u.）和漏电感 L_1（p.u.）。

Winding 2（abc-2）connection（绕组 2（abc-2）的联结）：绕组 2 的联结，此处用来设置绕组 2 的联结方式。

Winding parameters（绕组参数）：绕组 2 的参数，此处用来设置绕组 2 的线电压有效值 V_2（V）、电阻 R_2（p.u.）和漏电感 L_2（p.u.）。

Winding 3（abc-3）connection（绕组 3（abc-3）的联结）：绕组 3 的联结，此处用来设置绕组 3 的联结方式。

Winding parameters（绕组参数）：绕组 3 的参数，此处用来设置绕组 3 的线电压有效值 V_3（V）、电阻 R_3（p.u.）和漏电感 L_3（p.u.）。

Saturable core（饱和铁心）：铁心的饱和状态选择，若选择此项，则表示选择铁心处于饱和状态的变压器。

Magnetization resistance（励磁电阻）：励磁电阻 R_m（p.u.），此处用来设置励磁电阻的大小。

Magnetization reactance（励磁电感）：励磁电感 L_m（p.u.），此处用来设置励磁电感的大小。

Measurements：测量，通过选择可对三相变压器的绕组电压、绕组电流、磁通和励磁电流等进行测量。

对于其他类型的变压器，如三绕组线性变压器（linear transformer）、多绕组变压器（multi-winding transformer）、饱和变压器（saturable transformer）、三相 12 端子变压器（3-phase transformer 12-terminals）和 Z 形移相变压器（zigzag phase-shifting transformer），其参数设置与三相三绕组变压器的参数设置相似，可参考设置。

3. 输电线路模型

输电线路的参数指线路的电阻、电抗、电纳和电导。严格来说，这些参数是均匀分布的，即使是极短的一段线路，都有相应大小的电阻、电抗、电纳和电导，因此精确的建模十分复杂。

在三相平衡的情况下，线路参数 R、L、C 分别为考虑三相线路之间以及三相线路与地之间相互耦合的电感和电容之间的正序、零序参数。假设输电线路的参数 R、L、C 沿线均匀分布，采用三相 π 型集中参数等值电路可以模拟一个平衡的三相输电线路，输电线路单相 π 型等效电路如图 3.7 所示。

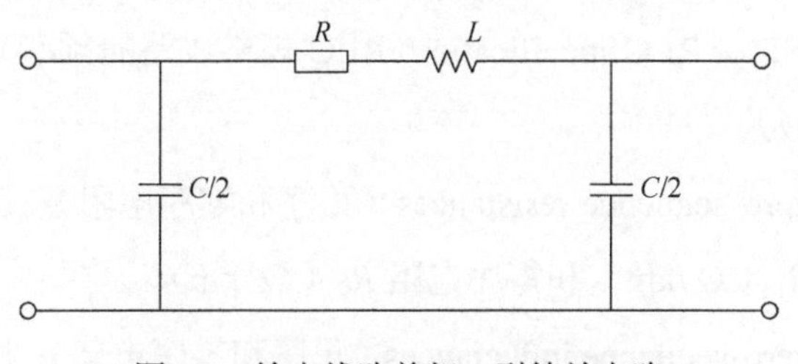

图 3.7　输电线路单相 π 型等效电路

在 SimPowerSystems 工具箱的 Elements 子库中，三相 π 型线路模块如图 3.8 所示。

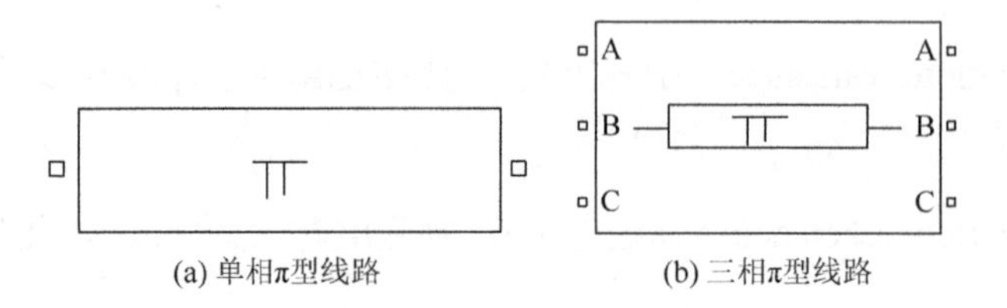

(a) 单相π型线路　　(b) 三相π型线路

图 3.8　三相 π 型线路模块

以三相 π 型线路模块为例，其在 MATLAB 中的参数设置窗口如图 3.9 所示。

Block Parameters: Three-Phase PI Section Line

Three-Phase PI Section Line (mask) (link)

This block implements a three-phase PI section line to represent a three-phase transmision line. This block represents only one PI section. To implements more that one PI section, you simply need to connect copies of this block in series.

Parameters

Frequency used for R L C specification (Hz) :

50

Positive- and zero-sequence resistances (Ohms/km) [R1 R0] :

[0.01273 0.3864]

Positive- and zero-sequence inductances (H/km) [L1 L0] :

[0.9337e-3 4.1264e-3]

Positive- and zero-sequence capacitances (F/km) [C1 C0] :

[12.74e-9 7.751e-9]

Line section length (km) :

80

OK　Cancel　Help　Apply

图 3.9　三相 π 型线路模块的参数设置窗口

Frequency used for RLC specification（RLC 规格线路的频率）：用于设定三相 π 型线路的频率（Hz）。

Positive-and zero-sequence resistances（正序和零序电阻）：用于设定线路单位长度的正序电阻 R_1（Ω/km）和零序电阻 R_0（Ω/km）。

Positive-and zero-sequence inductances（正序和零序电感）：用于设定线路单位长度的正序电感 L_1（H/km）和零序电感 L_0（H/km）。

Positive-and zero-sequence capacitances（正序和零序电容）：用于设定线路单位长度的正序电容 C_1（F/km）和零序电容 C_0（F/km）。

Line section length（线路长度）：用于设定线路的长度（km）。

π 型电路限制了线路中的电压、电流的频率变化范围，对于研究基频下的电力系统与控制系统之间的相互关系，π 型电路可达到足够的精度，但当分析线路的波过程以及进行更精确的分析时，应该使用分布参数线路模块，三相分布参数线路模块如图 3.10 所示。

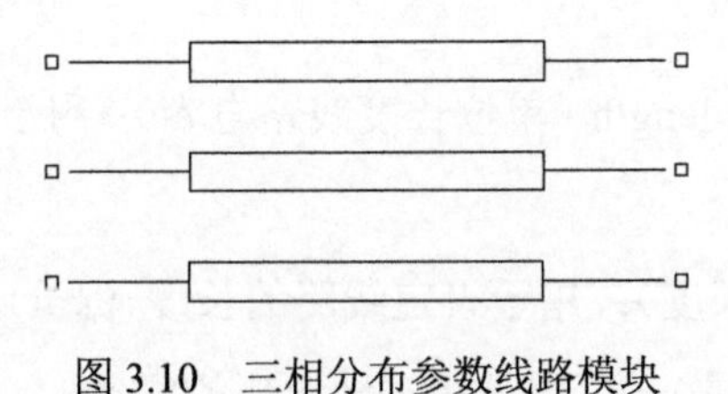

图 3.10　三相分布参数线路模块

三相分布参数线路模块的参数设置窗口如图 3.11 所示。

Block Parameters: Distributed Parameters Line

Distributed Parameters Line (mask) (link)

Implements a N-phases distributed parameter line model. The R,L, and C line parameters are specified by [NxN] matrices.

To model a two-, three-, or a six-phase symetrical line you can either specify complete [NxN] matrices or simply enter sequence parameters vectors: the positive and zero sequence parameters for a two-phase or three-phase transposed line, plus the mutual zero-sequence for a six-phase transposed line (2 coupled 3-phase lines).

Parameters

Number of phases N

3

Frequency used for R L C specification (Hz)

50

Resistance per unit length (Ohms/km) [N*N matrix] or [R1 R0 R0m]

[0.01273 0.3864]

Inductance per unit length (H/km) [N*N matrix] or [L1 L0 L0m]

[0.9337e-3 4.1264e-3]

Capacitance per unit length (F/km) [N*N matrix] or [C1 C0 C0m]

[12.74e-9 7.751e-9]

Line length (km)

100

Measurements None

OK　Cancel　Help　Apply

图 3.11　三相分布参数线路模块的参数设置窗口

Number of phases N（相数）：相数的设定，可设定单相和多相分布参数线路。

Frequency used for RLC specification（RLC 规格线路的频率）：用于设定分布参数线路的频率（Hz）。

Resistance per unit length（单位长度线路电阻）：用于设定线路单位长度的电阻（Ω/km）。

Inductance per unit length（单位长度线路电感）：用于设定线路单位长度的电感（H/km）。

Capacitance per unit length（单位长度线路电容）：用于设定线路单位长度的电容（F/km）。

Line length（线路长度）：用于设定线路的长度（km）。

Measurements（测量）：可用于相对地电压的测量。

4. 负荷模型

在电力系统中，系统中所有电力用户的用电设备所消耗的电磁功率综合就是电力系统的负荷。电力系统的负荷相当复杂，如何建立一个既准确又实用的负荷模型，至今仍是一个尚未得到很好解决的问题。

通常负荷模型分为静态模型和动态模型，其中静态模型表示稳态下负荷功率与电压和频率的关系；动态模型反映电压和频率急剧变化时负荷功率随时间的变化。静态负荷模型一般用代数方程描述，动态负荷模型通常用微分方程或差分方程描述。

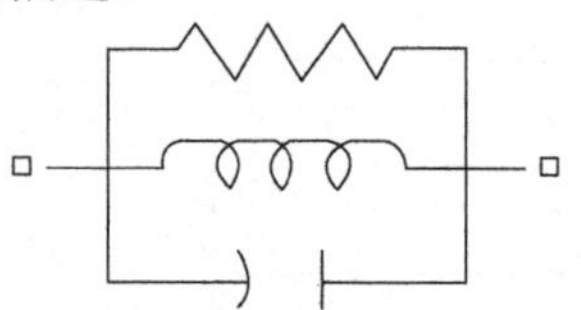

图 3.12　单相并联 RLC 负荷模块

在 SimPowerSystems 工具箱的 Elements 子库中，单相并联 RLC 负荷模块如图 3.12 所示。

单相并联 RLC 负荷模块的参数设置窗口如图 3.13 所示。

Nominal voltage（额定电压）：负荷的额定电压 V_n（V）。

Nominal frequency（额定频率）：负荷的额定频率 f_n（Hz）。

Active power（有功功率）：负荷的有功功率 P（W）。

Inductive reactive Power（感性无功功率）：负荷的感性无功功率 Q_L（var）。

Block Parameters: Parallel RLC Load

Parallel RLC Load (mask) (link)

Implements a parallel RLC load.

Parameters

Nominal voltage Vn (Vrms):

1000

Nominal frequency fn (Hz):

50

Active power P (W):

10e3

Inductive reactive Power QL (positive var):

100

Capacitive reactive power Qc (negative var):

100

Measurements　None

OK　Cancel　Help　Apply

图 3.13　单相并联 RLC 负荷模块的参数设置窗口

Capacitive reactive Power（容性无功功率）：负荷的容性无功功率 Q_c（var）。

Measurements（测量）：可选择测量负荷支路的电压、电流。

单相串联 RLC 负荷模块如图 3.14 所示。

单相串联RLC负荷模块在MATLAB中的参数设置和单相并联 RLC 负荷模块的参数设置类似。

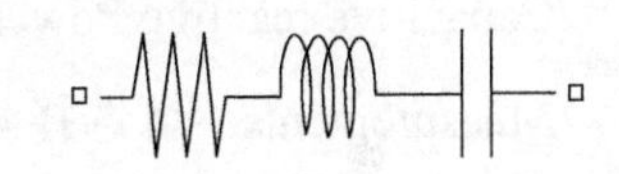

图 3.14　单相串联 RLC 负荷模块

三相并联 RLC 负荷模块如图 3.15 所示。

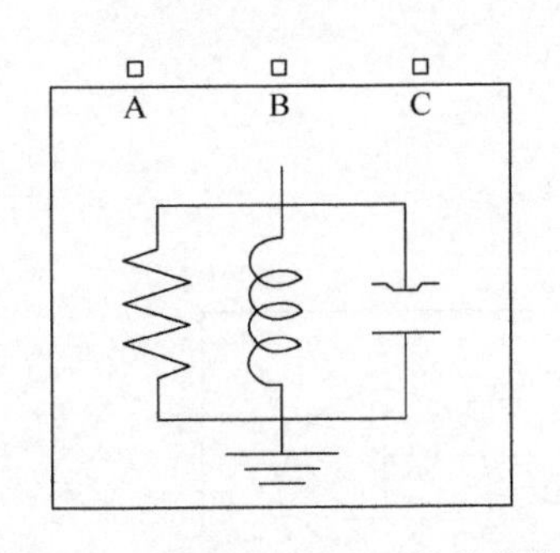

图 3.15　三相并联 RLC 负荷模块

三相并联 RLC 负荷模块的参数设置窗口如图 3.16 所示。

Configuration（配置）：三相负荷的联结方式配置。

Nominal phase-to-phase voltage（额定线电压）：负荷的额定线电压 V_n（V）。

Nominal frequency（额定频率）：负荷的额定频率 f_n（Hz）。

Active power（有功功率）：负荷的有功功率 P（W）。

Block Parameters: Three-Phase Parallel RLC Load

Three-Phase Parallel RLC Load (mask) (link)

Implements a three-phase parallel RLC load.

Parameters

Configuration: Y (grounded)

Nominal phase-to-phase voltage Vn (Vrms)

1000

Nominal frequency fn (Hz):

50

Active power P (W):

10e3

Inductive reactive Power QL (positive var):

100

Capacitive reactive power Qc (negative var):

100

Measurements: None

OK　Cancel　Help　Apply

图 3.16　三相并联 RLC 负荷模块的参数设置窗口

Inductive reactive Power（感性无功功率）：负荷的感性无功功率 Q_L（var）。

Capacitive reactive Power（容性无功功率）：负荷的容性无功功率 Q_c（var）。

Measurements：可选择测量负荷支路的电压、电流。

三相串联 RLC 负荷模块如图 3.17 所示。

三相串联 RLC 负荷模块在 MATLAB 中的参数设置和三相并联 RLC 负荷模块的参数设置类似，可参考设置。

三相动态负荷模块如图 3.18 所示。

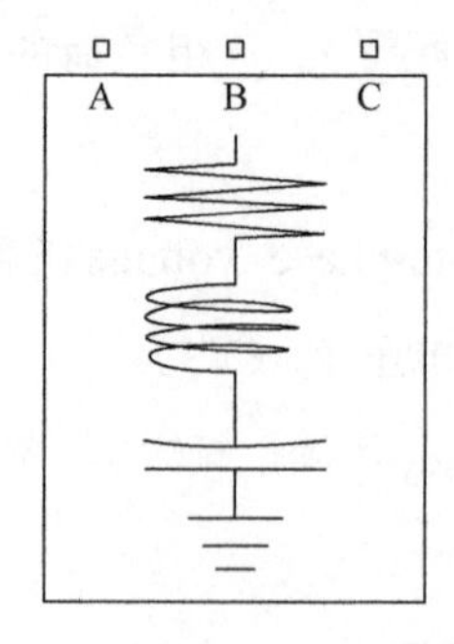

图 3.17　三相串联 RLC 负荷模块

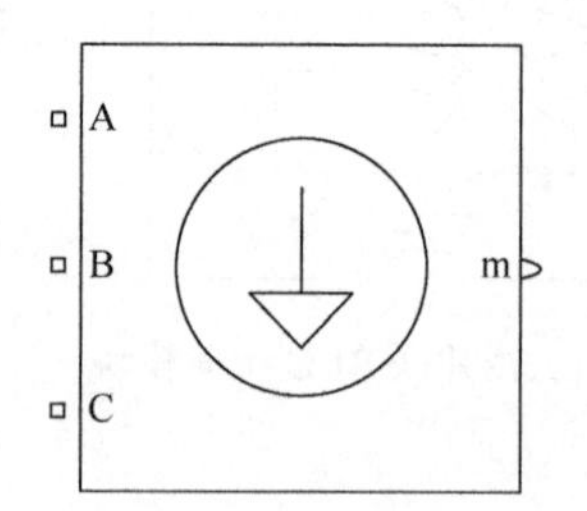

图 3.18　三相动态负荷模块

三相动态负荷模块的参数设置窗口如图 3.19 所示。

```
Block Parameters: Three-Phase Dynamic Load                    ?   ×
Three-Phase Dynamic Load (mask) (link)
Implements a three-phase, three-wire dynamic load. Active  power P and reactive
 power Q absorbed by the load vary as function of positive-sequence voltage V
according to following equations:

  If V>Vmin, P and Q vary as follows:
       P=Po*(V/Vo)^np*(1+Tp1.s)/(1+Tp2.s)
       Q=Qo*(V/Vo)^nq*(1+Tq1.s)/(1+Tq2.s)
  if V<Vmin
     Same equations with np=nq=2 (constant impedance load)

Check 'External control of PQ'  to control power from a vectorized Simulink
signal  [P Q].

Parameters
Nominal L-L voltage and frequency  [Vn(Vrms) fn(Hz)]:
[ 500e3 50 ]
Active _reactive power at initial voltage [Po(W) Qo(var)]:
[50e6 25e6]
Initial positive-sequence voltage Vo [Mag(pu)  Phase (deg.)]:
[0.994 -11.8]
[ ] External control of PQ
Parameters [ np  nq ]:
[1.3 2]
Time constants [Tp1 Tp2 Tq1 Tq2]  (s):
[0  0  0  0]
Minimum voltage Vmin  (pu) :
0.7

OK    Cancel    Help    Apply
```

图 3.19　三相动态负荷模块的参数设置窗口

Nominal L-L voltage and frequency（额定电压和频率）：负荷的额定电压 V_n（V）和频率 f_n（Hz）。

Active_reactive power at initial voltage（初始条件下的有功和无功功率）：负荷在初始电压下的有功功率 P_o（W）和无功功率 Q_o（var）。

Initial positive-sequence voltage（初始正序电压）：负荷的初始正序电压 V_o 的幅值（p.u.）和相角（°）。

External control of PQ（P 和 Q 的外部控制）：通过选择此项，可以通过外部信号控制负荷的有功功率 P 和无功功率 Q。

Parameters（参数）：此处设定负荷特性的参数 n_p 和 n_q。

Time constants（时间常数）：设定三相动态负荷的时间常数 T_{p_1} (s)、T_{p_2} (s)、T_{q_1} (s) 和 T_{q_2} (s)。

Minimum voltage（最小电压）：设定三相动态负荷的最小电压 V_{min}（p.u.）。

除了以上这些负荷模块，还包括异步电动机负荷模块，在基于 SimPowerSystems 的电网仿真过程中，可结合实际情况和需要来进行负荷的选择。

3.2.2 SimPowerSystems 仿真模型库

SimPowerSystems 模型库是专用于 RLC 电路、电力电子电路、电机传动控制和电力系统仿真的模块库。该模块库包含了各种交/直流电源、大量电气元器件、电工测量仪表和分析工具等。利用这些模块可以模拟电力系统运行和故障的各种状态，并进行仿真和分析[11-15]。

SimPowerSystems 模型库在 Simulink Library Browser 的树状结构中，包含 Electrical Sources 子库、Elements 子库、Extra Library 子库、Machines 子库、Measurements 子库、Phasor Elements 子库、Power Electronics 子库等，还包含一个图形用户分析工具 powergui。SimPowerSystems 模型库如图 3.20 所示。

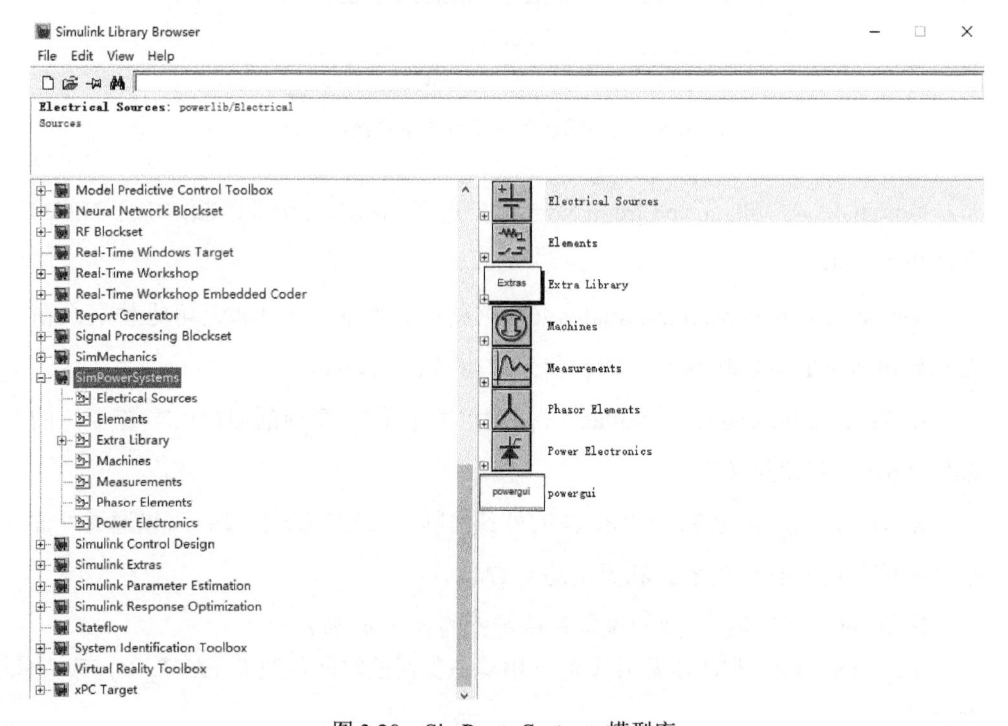

图 3.20　SimPowerSystems 模型库

SimPowerSystems模型子库如表3.1所示。

表3.1　SimPowerSystems模型子库

子库名称	图标	功能简介
Electrical Sources		电源子库
Elements		元件子库
Machines		电机子库
Measurements	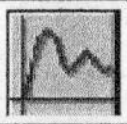	测量子库
Phasor Elements		相量子库
Power Electronics		电力电子子库
Extra Library	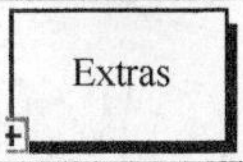 Extras	附加子库

1. Electrical Sources子库

Electrical Sources子库包含了7种电源模块，这些电源模块的图标和功能简介如表3.2所示。

表3.2　Electrical Sources子库简介

模块名称	图标	功能简介
AC Current Source		正弦交流电流源
AC Voltage Source		正弦交流电压源
Controlled Current Source	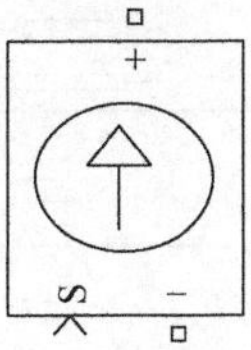	输出电流受输入信号控制的可控电流源

续表

模块名称	图标	功能简介
Controlled Voltage Source	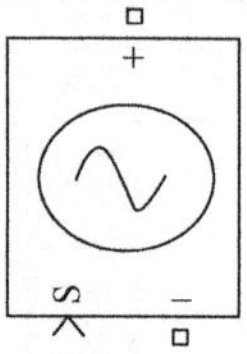 + − S	输出电压受输入信号控制的可控电压源
DC Voltage Source	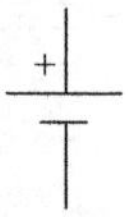 +	直流电压源
3-Phase Programmable Voltage Source	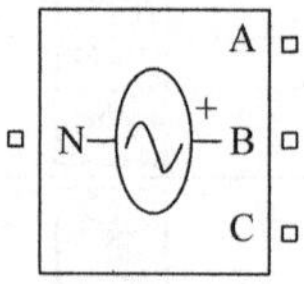 A N + B C	三相可调节电源信号，其中幅值、相角、频率和谐波均可变
3-Phase Source	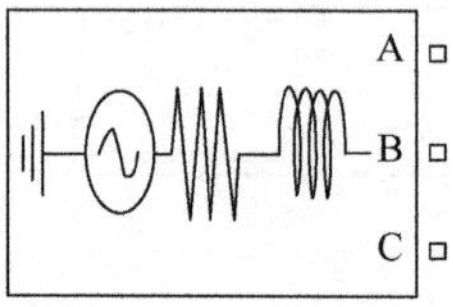 A B C	带有电阻和电感的三相电压源

2. Elements 子库

Elements 子库包含了 29 个模块，这些模块的图标和功能简介如表 3.3 所示。

表 3.3　Elements 子库简介

模块名称	图标	功能简介
Breaker	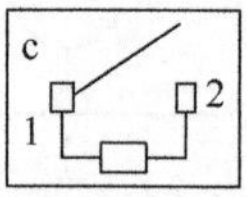 c 1 2	断路器（模拟空气开关等）
Connection Port	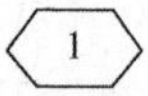 1	物理接口端子
Distributed Parameters Line	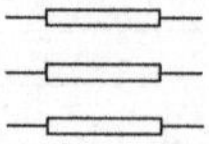	分布参数线路模块
Ground		接地

续表

模块名称	图标	功能简介
Linear Transformer	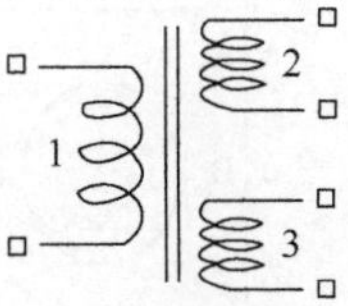 1 2 3	三绕组线性变压器（单相）
Multi-Winding Transformer	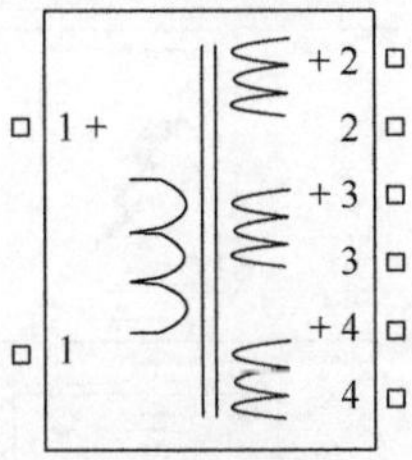 1+ 1 +2 2 +3 3 +4 4	多绕组变压器
Mutual Inductance	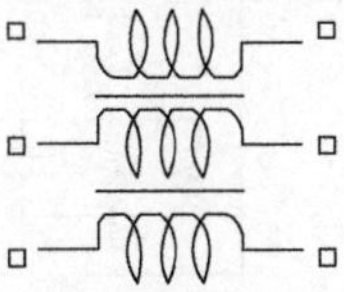	三项耦合线圈
Neutral		中性点
Parallel RLC Branch	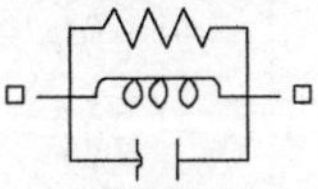	并联 RLC 支路
Parallel RLC Load	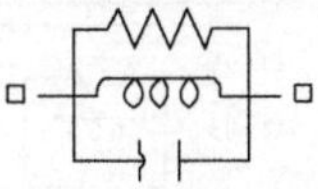	并联 RLC 负荷
PI Section Line	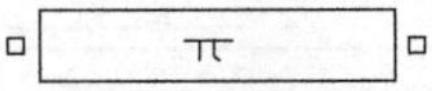 π	分布电容、电感为 PI 型的传输导线
Saturable Transformer	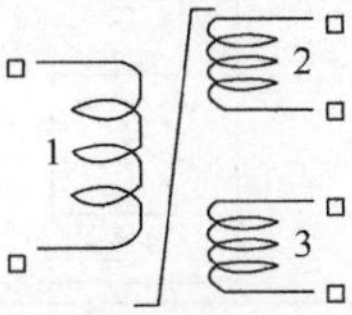 1 2 3	饱和变压器
Series RLC Branch	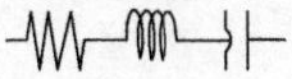	串联 RLC 支路
Series RLC Load	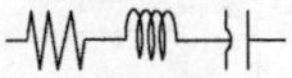	串联 RLC 负荷
Surge Arrester		避雷针
3-Phase Breaker	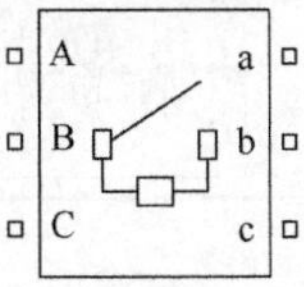 A a B b C c	三相断路器

续表

模块名称	图标	功能简介
3-Phase Dynamic Load	A B C m	有功功率和无功功率可调节的三相三绕组动态负荷
3-Phase Fault	A B C	三相可变故障断路器
3-Phase Harmonic Filter	A B C	三相谐波滤波器
3-Phase Mutual Inductance Z1-Z0	A B C A B C	用正序和零序参数表示的三相耦合电感
3-Phase Parallel RLC Branch	A B C A B C	三相并联 RLC 支路
3-Phase Parallel RLC Load	A B C	三相并联 RLC 负荷
3-Phase PI Section Line	A B C A B C	三相 PI 型线路
3-Phase Series RLC Branch	A B C A B C	三相串联 RLC 支路

续表

模块名称	图标	功能简介
3-Phase Series RLC Load	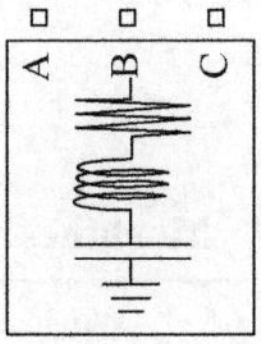	三相串联 RLC 负荷
Three-Phase Transformer（Three Windings）	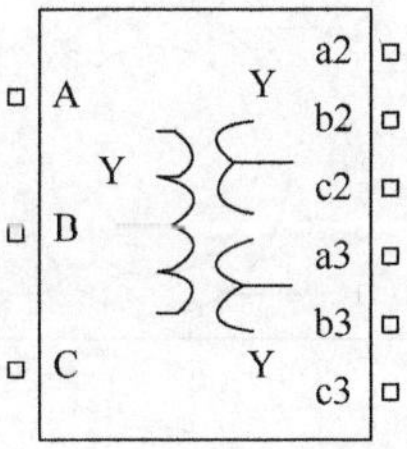	三相三绕组变压器
Three-Phase Transformer（Two Windings）	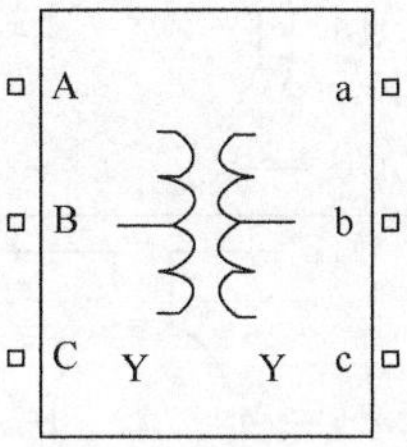	三相双绕组变压器
3-Phase Transformer 12-terminals	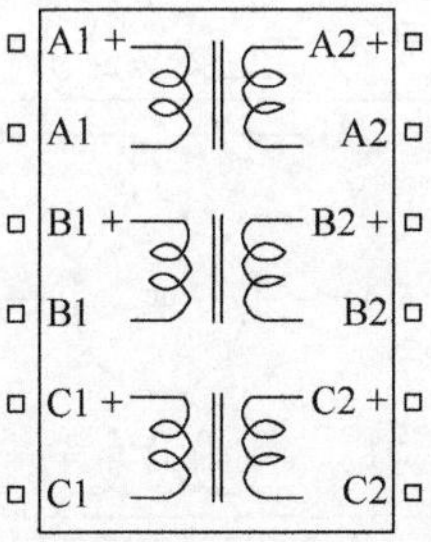	三个单相双绕组变压器组成的三相 12 端子变压器，所有端口可见
Zigzag Phase-Shifting Transformer	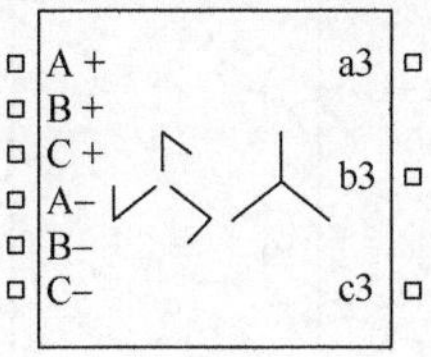	Z 形移相变压器

3. Machines 子库

Machines 子库包含了 16 种常见的电机模块，这些模块的图标和功能简介如表 3.4 所示。

表 3.4　Machines 子库简介

模块名称	图标	功能简介
Asynchronous Machine pu Units	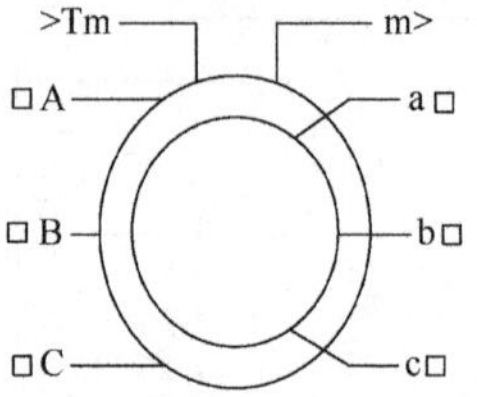 >Tm m> A a B b C c	异步电机（标幺值单位）模块
Asynchronous Machine SI Units	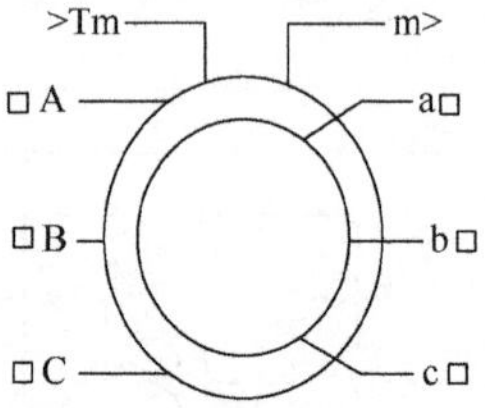 >Tm m> A a B b C c	异步电机（国际单位）模块
DC Machine	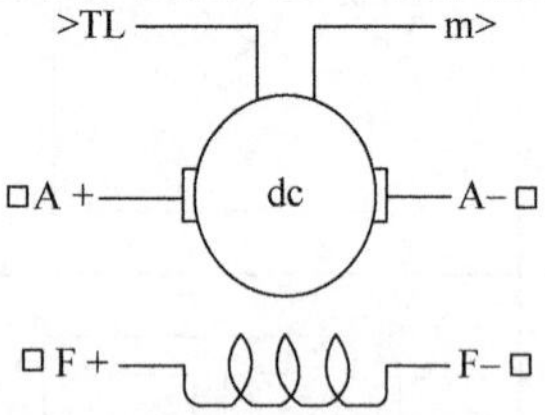 >TL m> A+ dc A− F+ F−	直流电机模型，可用作电动机或发电机
Discrete DC_Machine	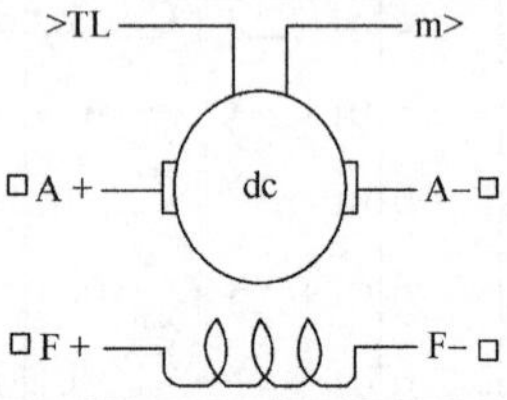 >TL m> A+ dc A− F+ F−	离散直流电机
Excitation System	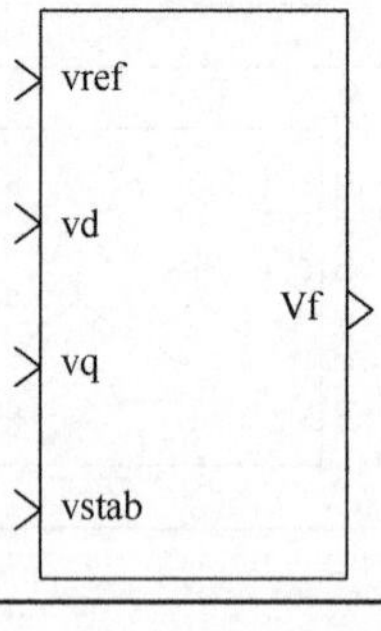 vref vd vq vstab Vf	为交流同步机提供励磁控制的模块

续表

模块名称	图标	功能简介
Generic Power System Stabilizer	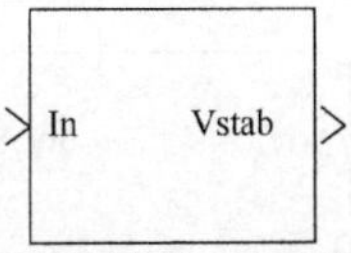 In Vstab	普通电力系统稳定器模块
Hydraulic Turbine and Governor	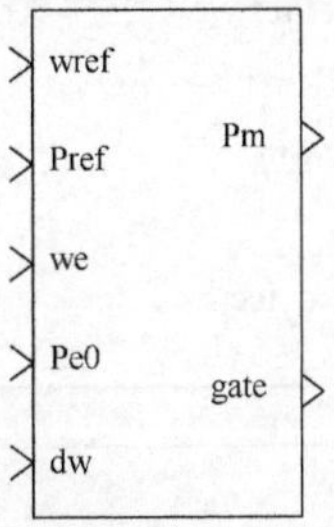 wref Pref we Pe0 dw Pm gate	水轮机和控制器模块，用于和同步发电机配套
Machines Measurement Demux	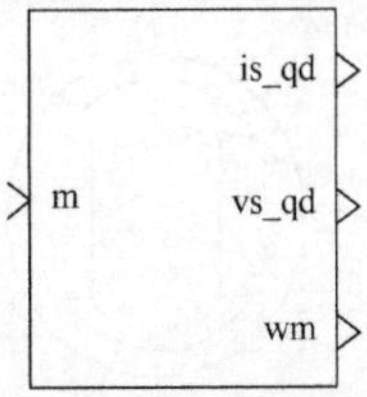 m is_qd vs_qd wm	电机测量单元，将各种电机模型输出的测量信号集分离为单个信号输出
Muti-Band Power System Stabilizer	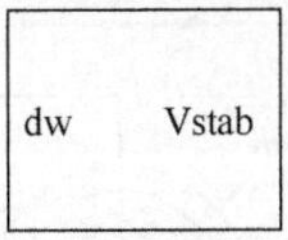 dw Vstab	多频段电力系统稳定器模块
Permanent Magnet Synchronous Machine	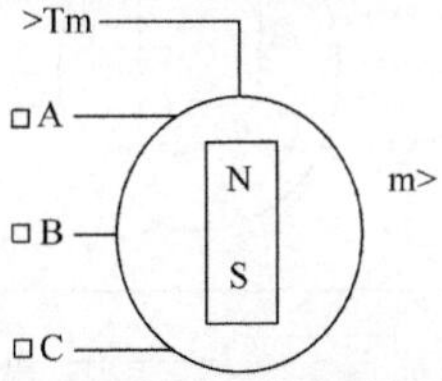 >Tm A B C N S m>	交流同步电机，转子为永磁体
Simplified Synchronous Machine pu Units	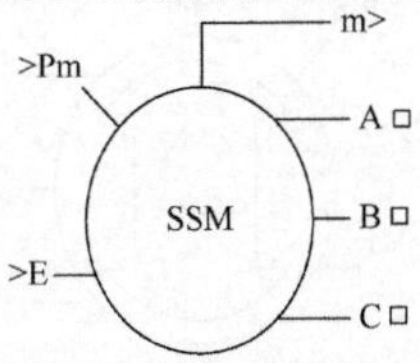 >Pm >E SSM m> A B C	同步电机简单模块（标幺值单位）
Simplified Synchronous Machine SI Units	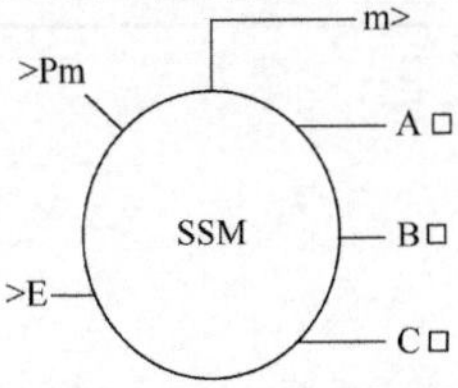 >Pm >E SSM m> A B C	同步电机简单模块（国际单位）

续表

模块名称	图标	功能简介
Steam Turbine and Governor	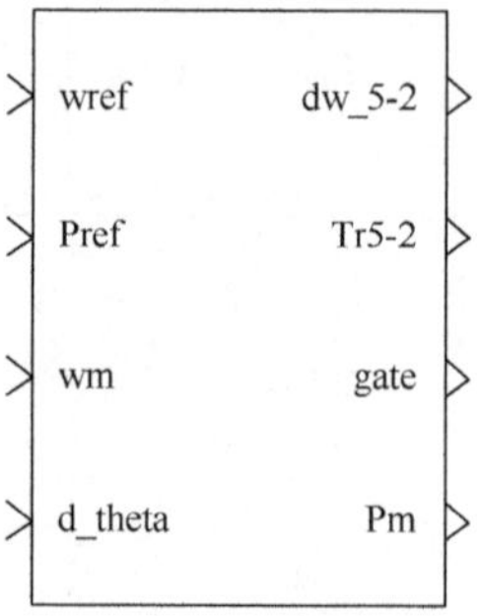 wref Pref wm d_theta dw_5-2 Tr5-2 gate Pm	汽轮机和控制器模块，用于和同步发电机配套
Synchronous Machine pu Fundamental	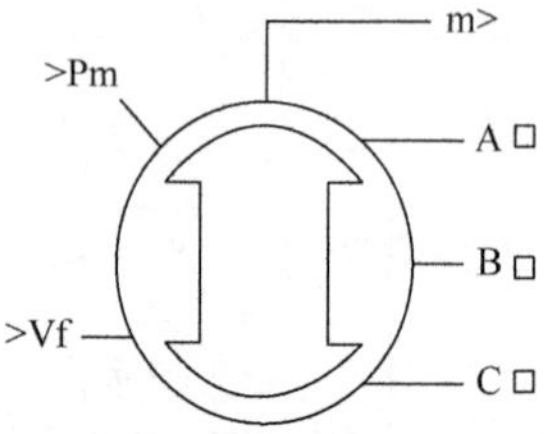 >Pm >Vf m> A B C	同步电机基本模块（标幺值单位）
Synchronous Machine pu Standard	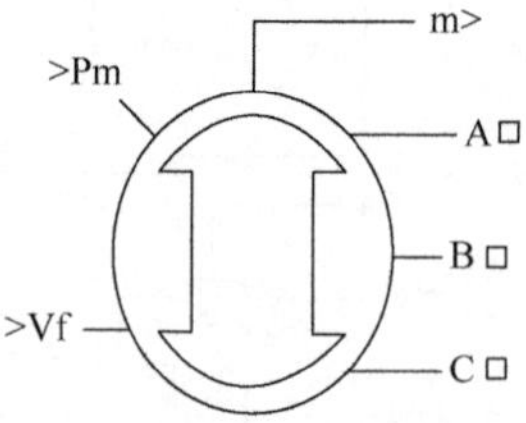 >Pm >Vf m> A B C	同步电机标准模块（标幺值单位）
Synchronous Machine SI Fundamental	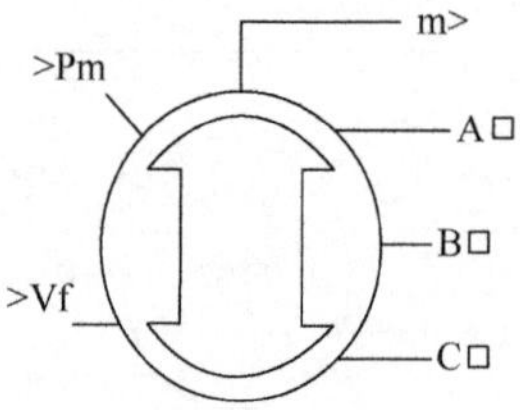 >Pm >Vf m> A B C	同步电机简单模块（国际单位）

4. Measurements 子库

Measurements 子库中包含 5 种模块，这些模块的图标和功能简介如表 3.5 所示。

表 3.5　Measurements 子库简介

模块名称	图标	功能简介
Current Measurement	i + −	用于检测电流，使用时串联在被测电路中
Impedance Measurement	Z	用于测量一个电路某两点之间的阻抗
Multimeter	0	多路测量仪，可同时检测系统中多点的多项电量参数
Three-Phase V-I Measurement	Vabc Iabc A B C a b c	可测量三相电路中各相的电压、电流信号，使用时串联在被测电路中
Voltage Measurement	+ − V	用于检测电压，使用时并联在被测电路中

5. Phasor Elements 子库

Phasor Elements 子库仅包括一个三相三线静止无功补偿器模块，其图标如图 3.21 所示。

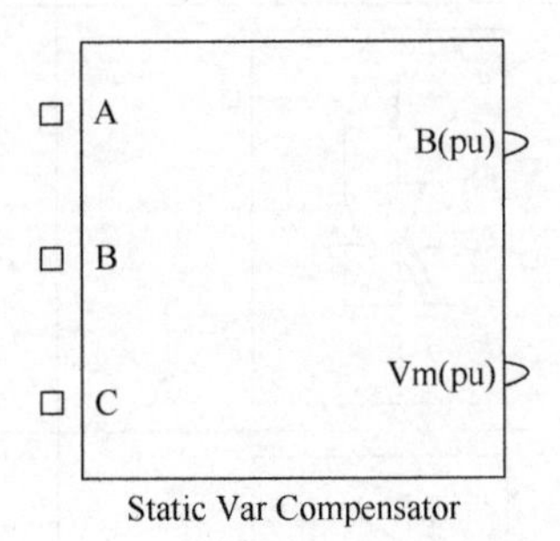

图 3.21　三相三线静止无功补偿器模块

6. Power Electronics 子库

Power Electronics 子库包括 9 种电力电子模块，这些模块的图标和功能简介如表 3.6 所示。

表 3.6　Power Electronics 子库

模块名称	图标	功能简介
Detailed Thyristor	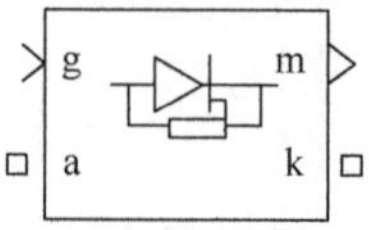	带 RC 缓冲电路的详细晶闸管模块
Diode	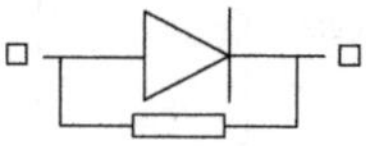	带 RC 缓冲电路的二极管模块
Gto	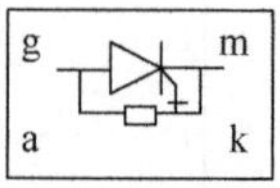	带 RC 缓冲电路的 GTO 模块
Ideal Switch	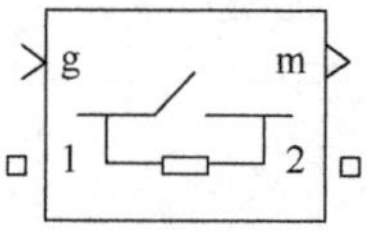	带 RC 缓冲电路的理想开关模块，开关状态由门极信号控制
IGBT	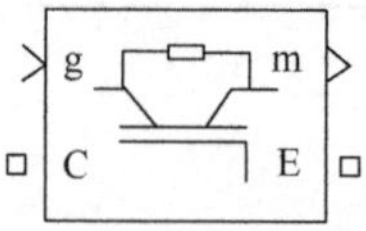	带 RC 缓冲电路的 IGBT 模块
Mosfet	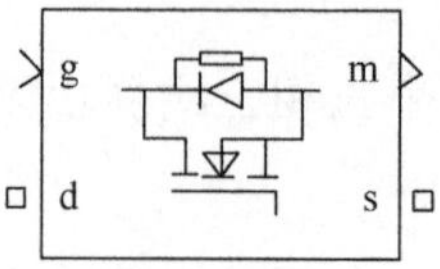	带 RC 缓冲电路的 Mosfet 模块
Three-Level Bridge	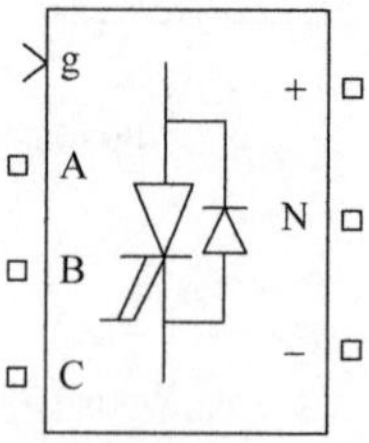	三相桥式整流电路模块
Thyristor	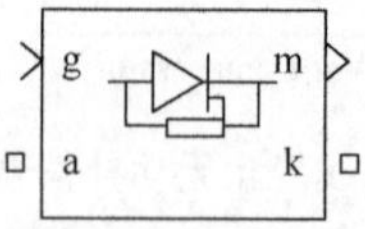	带 RC 缓冲电路的晶闸管模块

续表

模块名称	图标	功能简介
Universal Bridge	g A B C + −	通用桥模块，可设置为单相或三相桥，可以选择不同的电力电子器件，并且可用作整流器或逆变器

7. Extra Library 子库

Extra Library 子库包括控制模块子库、离散控制模块子库、离散测量子库、测量子库和相量子库等部分，其中控制模块子库包括 14 种模块；离散控制模块子库包括 26 种模块；离散测量子库包括 18 种模块；测量子库包括 9 种模块；相量子库包括 5 种模块。这些子库所包含模块的图标和功能简介如表 3.7～表 3.11 所示。

表 3.7　控制模块子库

模块名称	图标	功能简介
Synchronized 12-Pulse Generator	alpha_deg A B C Block PY PD	12 脉冲逆变器晶闸管同步触发模块
1-phase PLL	V(pu) Freq wt Sin_Cos	单相锁相环
1st-Order Filter		一阶滤波器

续表

模块名称	图标	功能简介
2nd-Order Filter	Fo = 200Hz	二阶滤波器
3-phase PLL	Freq Vabc(pu) wt Sin_Cos	三相锁相环
3-phase Programmable Source	abc	三相可变电源发生器
Bistable	[S] Q R !Q	SR 型双稳态电路模块
Edge Detector		边缘检测模块
Monostable	T 0.015s	单稳态电路模块
On/Off Delay	t 0.01s	通断延时
PWM Generator	Signal(s) Pulses	脉宽调制信号发生器
Sample & Hold	In S/H S	采样保持模块
Synchronized 6-Pulse Generator	alpha_deg AB BC CA Block pulses	同步 6 脉冲发生器

续表

模块名称	图标	功能简介
Timer		在设定的时间改变信号

表 3.8　离散控制模块子库

模块名称	图标	功能简介
Discrete 1-phase PLL	Freq V(pu)　wt Sin_Cos	离散的锁相环模块
Discrete 1st-Order Filter		离散的一阶滤波器模块
Discrete 2nd-Order Filter	Fo = 200Hz	离散的二阶滤波器模块
Discrete 2nd-Order Variable-Tuned Filter	Fo Out In	离散的二阶可调谐滤波器
Discrete 3-phase PLL	Freq Vabc(pu)　wt Sin_Cos	离散的三相锁相环
Discrete 3-phase Programmable Source	abc	离散的三相可变电源发生器
Discrete 3-phase PWM Generator	Ust　P1 wt　P2	离散的三相 PWM 发生器
Discrete Bistable	[S]　Q R　!Q	离散的 SR 型双稳态电路模块
Discrete Edge Detector		离散的边沿检测模块

续表

模块名称	图标	功能简介
Discrete Gamma Measurement	l_th(1-6) gamma_min(deg) Uabc gamma_mean(deg) Freq Ucom(1-6)	离散的关断角伽马测量模块
Discrete HVDC Controller	VdL(pu) Id(pu) alpha_ord(deg) Id_ref(pu) Vd_ref(pu) Block Id_ref_lim Forced_alpha gamma_meas(deg) gamma_ref(deg) mode D_alpha(deg)	离散的 HVDC 控制器
Discrete Lead-Lag	1 + T1s – 1 + T2s	离散的超前-滞后模块
Discrete Monostable	T 0.015s	离散的单稳态电路模块
Discrete On/Off Delay	t 0.01s	离散的通断延时模块
Discrete PI Controller	PI	离散的 PI 控制器模块
Discrete PID Controller	PID	离散的 PID 控制器模块
Discrete PWM Generator	Signal(s) Pulses	离散的脉宽调制信号发生器模块
Discrete Rate Limiter	Discrete Rate Limiter	离散的比率限制器模块

续表

模块名称	图标	功能简介
Discrete Sample & Hold	In S/H S	离散的采样与保持器模块
Discrete Shift Register	u(k) Out	离散的移位寄存器模块
Discrete SV PWM Generator	Umag Pulses Uangle	离散的空间矢量脉宽调制发生器模块
Discrete Synchronized 12-Pulse Generator	alpha_deg A B C Freq Block PY PD	离散的同步 12 脉冲发生器
Discrete Synchronized 6-Pulse Generator	alpha_deg AB BC CA Freq Block pulses	离散的同步 6 脉冲发生器
Discrete Variable Transport Delay	In D Out	离散的可变传输延时器
Discrete Virtual PLL	Freq Sin_Cos wt	离散的虚拟锁相环模块
Timer		在设定的时间改变信号，常用于理想开关和断路器的控制

表 3.9　离散测量子库

模块名称	图标	功能简介
3-phase Instantaneous Active & Reactive Power	Vabc Iabc PQ	三相瞬时有功和无功功率测量模块

续表

模块名称	图标	功能简介
abc_to_dq0 Transformation	abc dq0 sin_cos	将 abc 系统内的信号变换到 dq0 系统中
Discrete 3-phase PLL-Driven Positive-Sequence Active & Reactive Power	Freq　Mag_V_I Sin_Cos Vabc Iabc　P_Q	离散三相正序有功和无功功率测量模块
Discrete 3-phase PLL-Driven Positive-Sequence Fundamental Value	Freq　Mag Sin_Cos Phase abc	离散三相正序基频分量
Discrete 3-phase Positive-Sequence Active & Reactive Power	Vabc Mag_V_I Iabc　P_Q	离散三相正序有功、无功功率测量模块
Discrete 3-phase Positive-Sequence Fundamental Value	Mag abc Phase	离散三相正序基频分量
Discrete 3-phase Sequence Analyzer	Mag abc Phase	离散三相序列分析仪
Discrete 3-phase Total Power	Vabc　Pinst Iabc　Pmean	离散三相总有功功率测量模块
Discrete Active & Reactive Power	V　Mag_V_I I　P_Q	离散有功功率和无功功率测量模块
Discrete Fourier	Mag In Phase	离散傅里叶变换模块

续表

模块名称	图标	功能简介
Discrete Mean value	In　Mean	离散均值计算模块
Discrete PLL-Driven Fundamental Value	Freq　Sin_Cos　In　Mag　Phase	离散输入信号基频值计算模块
Discrete RMS value	In　RMS	离散均方根值测量模块
Discrete Total Harmonic Distorsion	signal　THD	离散总谐波畸变测量模块
Discrete Variable Frequency Mean value	Freq　In　Mean	离散输入信号均值计算模块
dq0-based Active & Reactive Power	Vdq0　Idq0　PQ	dq0 系统中的有功、无功功率测量模块
dq0_to_abc Transformation	dq0　sin_cos　abc	将 dq0 系统内的信号变换到 abc 系统中
FFT	f(k)　FFT　F(n)　RMS	快速傅里叶变换模块

表 3.10　测量子库

模块名称	图标	功能简介
3-phase Instantaneous Active & Reactive Power	Vabc　Iabc　PQ	三相瞬时有功和无功功率测量模块

续表

模块名称	图标	功能简介
3-Phase Sequence Analyzer	abc; Mag; Phase	三相序列分析仪
abc_to_dq0 Transformation	abc; sin_cos; dq0	将 abc 系统内的信号变换到 dq0 系统中
Active & Reactive Power	V; I; PQ	有功和无功功率测量模块
dq0-based Active & Reactive Power	Vdq0; Idq0; PQ	dq0 系统中的有功、无功功率测量模块
dq0_to_abc Transformation	dq0; sin_cos; abc	将 dq0 系统内的信号变换到 abc 系统中
Fourier	signal; magnitude; angle	傅里叶变换模块
RMS	signal; rms	均方根值测量模块
Total Harmonic Distortion	signal; THD	总谐波畸变测量模块

表 3.11　相量子库

模块名称	图标	功能简介
3-Phase Active & Reactive Power （Phasor Type）	Vabc PQ Iabc	相量域的三相有功和无功功率测量模块
Active & Reactive Power （Phasor Type）	V PQ I	相量域的有功和无功功率测量模块
Mean Value （Phasor Type）	In　Mean	输入相量的平均值计算模块
Sequence Analyzer （Phasor Type）	Mag abc Pha	相量域的序列分析仪
Static Var Compensator （Phasor Type）	A B(pu) B C V1meas(pu)	相量域的静止无功补偿器模块

3.2.3　电力系统仿真模型的建立步骤

在 MATLAB 中建立电力系统仿真模型的步骤可归纳为以下几方面。

（1）根据系统实际的地理接线图在 Simulink 中搭建模型。将发电厂、变电站、线路、负载分别用相应模型代替，其中发电厂中有两台同步发电机。根据地理接线图，依次连接。

（2）对模型进行参数设定。根据实际电网给的电网参数，在模型中设定参数。线路可以使用三相 PI 型电路，也可以使用分布参数线路。经过试验发现，小于 50km 使用三相 PI 型电路，大于 50km 使用分布参数线路。

（3）对仿真模型进行潮流计算，潮流计算的任务是根据给定的网络接线和其他已知条件，计算网络中的功率分布、功率损耗和未知节点电压[16]。对于复杂电力系统，按给定变量不同，节点可分为 PV 节点、PQ 节点和平衡节点。我们用到的一般是平衡节点，潮流分布算出以前，网络中的功率损失是未知的，至少有一个节点的 P 不能确定，承担了有功功率平衡，称为平衡节点。另外需选一个节点为基准节点，指定其电压相位为 0，通常平衡节点与基准节点选为一个节点。

（4）选择合适的仿真算法。MATLAB 提供给用户两种仿真算法：定步长算法和变步长算法。定步长求解器使用固定步长求解，有 Discrete、ode5、ode4、ode3、ode2 和 ode1；变步长求解器可根据用户指定积分误差自动调整仿真步长，有 Discrete、ode45、ode23、ode13、ode15s、ode23s、ode23t 和 ode23tb。仿真算法是否合理将影响到仿真结果和速度。我们采用 ode32tb 算法，这是 MATLAB 针对系统特征值相差大，既有快变特性又有慢变特性的系统专门提供的算法之一。

（5）运行仿真模型，观察各参数是否符合指标[17]。所需要用到的参数有发电机转速、机端电压、功角和功率偏差。发电机采用的是标幺值制，即实际值除以基准值。转速、电压、功率均以额定值为基准值。当系统达到稳定时，各参数的情况如下。

①转速 w 指标：1p.u.附近。

②机端电压 V_t 指标：1p.u.附近。

③功角 δ 指标：最终达到一个稳定值。

功角 δ 除了表示发电机电势和受端电压之间的相位差，即表征系统的电磁关系，还表明了各发电机转子之间的相对空间位置（故又称为位置角）。δ 角随时间的变化描述了各发电机转子间的相对运动，而发电机转子间的相对运动性质，恰好是判断各发电机之间是否同步运行的依据。稳定电力系统的功角最终达到一个稳定值。

④功率偏差 P_a 指标：0 附近。

功率偏差表示发电机输入机械功率 P_m 与输出电磁功率 P_e 之差。功率偏差会造成转子转矩不平衡，导致转子转速持续增大或减小，最终导致系统不稳定。

（6）若参数不符合指标，继续调整参数或修改电路结构，直至符合指标。

3.3 仿真实例

利用 SimPowerSystems 仿真平台，本节建立了某地区的电力系统仿真模型，如图 3.22 所示。

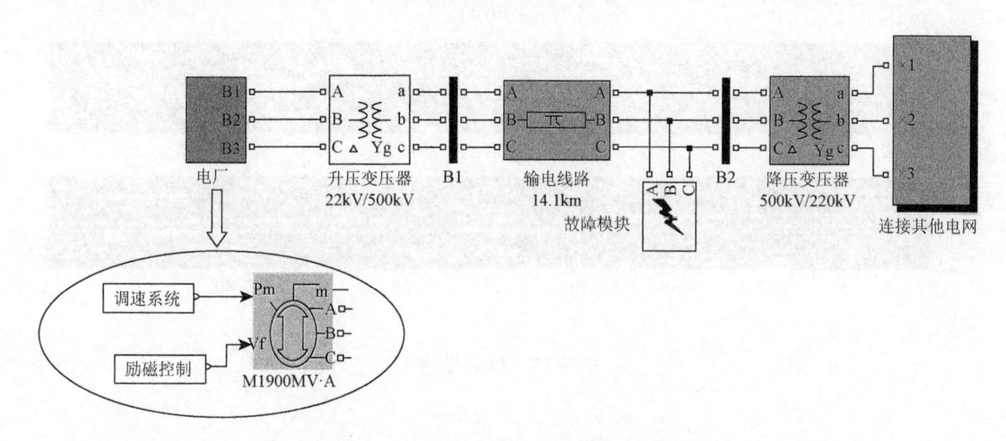

图 3.22　某地区的电力系统仿真模型

在该模型中，发电厂用同步发电机模拟，其中同步发电机由调速系统控制机械功率输入，由励磁控制系统控制励磁电压。发电厂出口处使用了一个 22kV/500kV 的升压变压器，一段 14.1km 的输电线路用三相 π 型电路模拟，使用了三相接地故障模块模拟系统中的线路接地故障，到达用电区后，使用了一个 500kV/220kV 的降压变压器。连接其他电网部分为具体的用电网络，此处采用了封装技术，以便使系统结构更为简洁。

通过潮流计算后，使系统获得稳定时的相关参数，主要包括输入给发电机的机械功率和励磁电压等，本模型采用了 ode23tb 算法，仿真时间设置为 50s，运行仿真模型后，系统很快达到稳定状态，各参数符合相关指标，这说明所建立的仿真模型是合理的，如图 3.23 所示。此处，为了更全面地反映系统的运行情况，在 20s 处，加入了三相接地故障，设定故障在 20.1s 处消失，从图 3.8 的仿真结果可以看出，系统在故障消失后很快又恢复了稳定，这说明所建立的仿真系统具有较好的稳定性。在图 3.8 中，w 为发电机转速，V_t 为机端电压，delta 为发电机功角，P_a 为功率偏差。

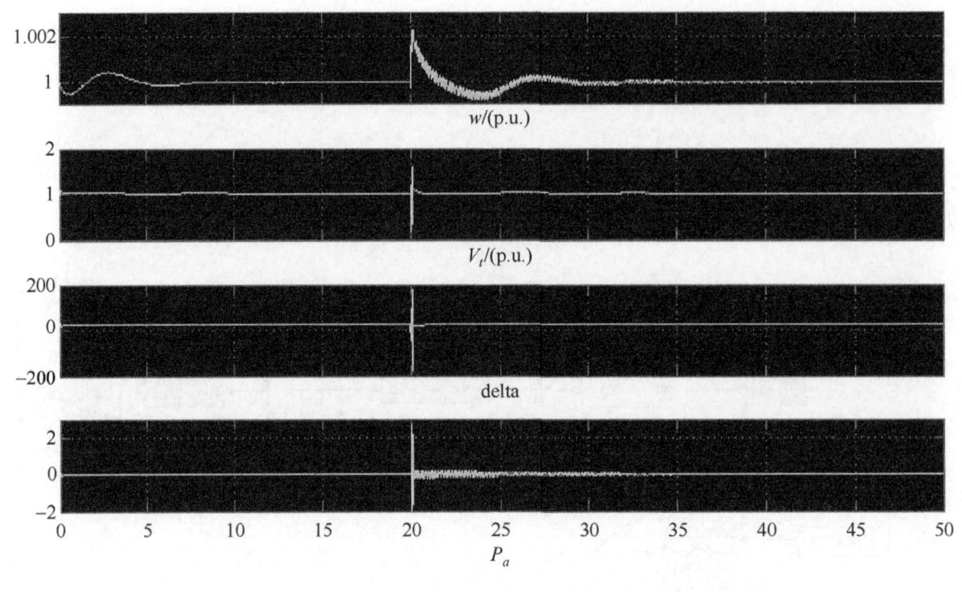

图 3.23 仿真结果

3.4 本 章 小 结

本章对基于 SimPowerSystems 工具的电网仿真进行了研究，首先对电力系统主要元件仿真模块模型进行了分析和论述，接着对 SimPowerSystems 仿真模型库进行了介绍，并对电力系统仿真模型的建立过程进行了论述，给出了建立电力系统仿真模型的具体步骤和系统稳定时的相关指标情况，最后，对某地区实际的电力系统建立了对应的仿真模型，并通过潮流计算和仿真运行，得到了该系统的仿真结果。

参 考 文 献

[1] 周耀显. 基于 PSASP 的工矿企业电网频率动态特性分析. 天津理工大学学报，2013，29（3）：20-23.

[2] 张晗，伍衡，李胜利. 基于 PSPICE 的两级磁脉冲压缩系统建模与仿真. 磁性材料及器件，2013，44（2）：61-65.

[3] 李娜，徐政. PSS/E 中风电机组的低电压穿越模拟方法. 电力系统保护与控制，2013，41（8）：23-29.

[4] 张红斌. 基于 SimPowerSystems 的三相异步电动机的仿真分析. 科技通报，2013，29（4）：183-185.

[5] 吴天明，谢小竹，彭彬. MATLAB 电力系统设计与分析. 北京：国防工业出版社，2004.

[6] 韩英铎，高景德. 电力系统最优分散协调控制. 北京：清华大学出版社，1997.

[7]　Prabha K. Power System Stability and Control. New York：McGraw-Hill Book Co.，1993.

[8]　贺家李，宋从矩. 电力系统继电保护原理. 北京：中国电力出版社，2004.

[9]　李光琦. 电力系统暂态分析. 北京：中国电力出版社，2003.

[10]　于群，曹娜. MATLAB/Simulink 电力系统建模与仿真. 北京：机械工业出版社，2011.

[11]　Hanselman D，Littlefield B. 精通 MATLAB7. 朱仁峰，译. 北京：清华大学出版社，2009.

[12]　黄永安，马路，刘慧敏. MATLAB7.0/Simulink6.0 建模仿真开发与高级工程应用. 北京：清华大学出版社，2008.

[13]　黄家裕，陈礼义，孙德昌. 电力系统数字仿真. 北京：中国电力出版社，2003.

[14]　王晶，翁国庆，张有兵. 电力系统的 MATLAB/Simulink 仿真与应用. 西安：西安电子科技大学出版社，2008.

[15]　洪乃刚. 电力电子和电力拖动控制系统的 MATLAB 仿真. 北京：机械工业出版社，2009.

[16]　何仰赞，温增银. 电力系统分析. 4 版. 武汉：华中科技大学出版社，2016.

[17]　李志军，杨梅，刘艳萍，等. MATLAB 在同步发电机仿真中的初始化问题. 大电机技术，2003（6）：62-66.

第 4 章　电力系统动态研究的实用模型求解

4.1　概　　述

电力系统低频振荡过程是一个动态的过程，进行电力系统的动态研究通常需要建立适当的数学模型，因而本章将对电力系统动态研究的实用模型进行求解。

国内外学者对电力系统的数学模型进行了很多研究，除了发电机、输电线路、变压器、负荷等各组成部件的数学模型，还有原动机、调速系统的数学模型、适合于励磁控制的励磁系统数学模型等[1-8]。如何从这些基本部件的模型中建立实用的数学模型，从而设计有效的控制器以提高电力系统的稳定性是电力系统控制领域研究的热点问题[9-21]。由于如今的电厂对稳定性和动态品质要求越来越高，所以一般都是远离负荷中心且与系统联系薄弱的，因而也就比较接近单机无穷大（single machine infinite bus，SMIB）电力系统模式，以这样一个单机无穷大系统为基础设计出的控制器在多机系统中应用通常可以得到较好的控制效果[22, 23]。因此本章对单机无穷大电力系统的数学模型进行了求解，最终得到以本地机组易测物理量为状态向量的三阶状态方程数学模型，为基于数学模型的分散型的控制器的设计打下了基础。

本章的组织结构如下：4.1 节为概述；4.2 节为电力系统的基本方程；4.3 节为小偏差线性化过程；4.4 节为电力系统状态空间实用模型求解；4.5 节为模型求解的程序实现；4.6 节为本章小结。

4.2　电力系统的基本方程

本章中建立数学模型用到的 5 组电力系统基本方程如下所示[24-26]。

1. 发电机转子运动方程

$$H_j\frac{\mathrm{d}w}{\mathrm{d}t}=w_0(P_m-P_e-P_D) \tag{4.1}$$

$$\frac{\mathrm{d}\delta}{\mathrm{d}t}=w-w_0 \tag{4.2}$$

式中，H_j为机组转子惯性时间常数，单位为s；w为转子角速度，单位为rad/s；w_0为发电机转子同步速，具体为$w_0=2\pi f_0=100\pi$ rad/s；P_m为发电机机械功率，用标幺值；P_e为发电机电磁功率，用标幺值；P_D为发电机的机械损耗功率，用标幺值；δ为发电机的功角，即发电机转子速度与同步速的相对角位移，单位为rad。

2. 单机无穷大系统的功角方程

对于凸极机：

$$P_e=\frac{E_qV_S}{X_{d\Sigma}}\sin\delta+\frac{{V_S}^2}{2}\frac{X_{d\Sigma}-X_{q\Sigma}}{X_{d\Sigma}X_{q\Sigma}}\sin 2\delta \tag{4.3}$$

或

$$P_e=\frac{E'_qV_S}{X'_{d\Sigma}}\sin\delta+\frac{{V_S}^2}{2}\frac{X'_{d\Sigma}-X_{q\Sigma}}{X'_{d\Sigma}X_{q\Sigma}}\sin 2\delta \tag{4.4}$$

对于隐极机：

$$P_e=\frac{E_qV_S}{X_{d\Sigma}}\sin\delta \tag{4.5}$$

或

$$P_e=\frac{E'_qV_S}{X'_{d\Sigma}}\sin\delta+\frac{{V_S}^2}{2}\frac{X'_{d\Sigma}-X_{q\Sigma}}{X'_{d\Sigma}X_{q\Sigma}}\sin 2\delta \tag{4.6}$$

式中，P_e为发电机电磁功率，采用标幺值；E_q为发电机空载电动势，采用标幺值；E'_q为发电机q轴暂态电动势，采用标幺值；V_S为无穷大母线电压，采用标幺值；$X_{d\Sigma}=X_d+X_T+X_L$；$X_{q\Sigma}=X_q+X_T+X_L$；$X'_{d\Sigma}=X'_d+X_T+X_L$；$X_d$为同步发电机$d$轴同步电抗，采用标幺值；$X_q$为同步发电机$q$轴同步电抗，采用标幺值；$X'_d$为同步发电机$d$轴暂态电抗，采用标幺值；$X_T$为主变压器电抗，采用标幺值；$X_L$为线路电抗，采用标幺值。

3. 发电机端电压方程

对于凸极机：

$$V_t = \sqrt{\frac{E_q^2 X_S^2 + V_S^2 X_d^2 \cos^2\delta + 2X_S X_d E_q V_S \cos\delta}{X_{d\Sigma}^2} + \frac{V_S^2 X_q^2 \sin^2\delta}{X_{q\Sigma}^2}} \tag{4.7}$$

对于隐极机：

$$V_t = \frac{1}{X_{d\Sigma}}\sqrt{E_q^2 X_S^2 + V_S^2 X_d^2 + 2X_S X_d E_q V_S \cos\delta} \tag{4.8}$$

式中，V_t为发电机端电压，采用标幺值；X_S为发电机外部电抗，且$X_S = X_T + X_L$，其中X_T为变压器电抗，X_L为线路电抗，均采用标幺值。

4. 励磁绕组电磁暂态方程

$$T_{d0}\frac{\mathrm{d}E_q'}{\mathrm{d}t} = E_{fd} - E_q \tag{4.9}$$

式中，T_{d0}为同步发电机励磁绕组的时间常数，单位为 s；$E_{fd} = \frac{X_{ad}}{R_f}U_f$，其中$X_{ad}$为同步发电机$d$轴电枢反应电抗，$R_f$为发电机励磁绕组电阻，$U_f$为发电机励磁绕组电压，均采用标幺值。

5. 励磁功率单元的微分方程模型

$$T_e\frac{\mathrm{d}E_{fd}}{\mathrm{d}t} = -E_{fd} + K_e U_R \tag{4.10}$$

式中，T_e为时间常数，单位为 s；K_e为放大倍数；U_R为励磁调节器的输出电压，采用标幺值。

4.3 小偏差线性化过程

对于所研究的系统，对其有一个尽可能精确的认识并知道如何用尽可能精确的数学模型去加以描述，往往是必要的，这样可以使所分析与研究的问题建立在尽可能可靠的基础上。但是将理论应用于实际工程问题中时，则需要进行近似化的处理，以便建立实用的工程设计数学模型。在这个近似过程中，要忽略掉一些次要因素，同时要进行理想化处理。

由 4.2 节可以看到，电力系统的基本方程一般为微分方程或非线性方程，可以对其进行小偏差线性化处理，进而为建立电力系统的实用数学模型做好准备。观察 4.2 节的基本方程，不难看出属于线性微分方程的有式（4.1）、式（4.2）、式（4.9）、式（4.10），属于非线性方程的有式（4.3）～式（4.8）。因而电力系统基本方程的小偏差线性化过程可以分为线性微分方程的偏差处理及非线性方程的偏差处理。

4.3.1　线性微分方程的偏差处理

1. 发电机转子运动偏差方程的求解

设发电机在一个微扰动量的作用下，发电机功角 δ 获得增量 $\Delta\delta$，则发电机转子角速度也将获得增量 Δw，则有

$$\frac{\mathrm{d}(\delta+\Delta\delta)}{\mathrm{d}t}=(w+\Delta w)-w_0 \tag{4.11}$$

由微分法则可知，两个变量之和的导数等于其分别求导数之和，因而式(4.11)可变形为

$$\frac{\mathrm{d}\delta}{\mathrm{d}t}+\frac{\mathrm{d}\Delta\delta}{\mathrm{d}t}=w+\Delta w-w_0 \tag{4.12}$$

将式（4.12）减去式（4.2），可得到如下偏差方程：

$$\frac{\mathrm{d}\Delta\delta}{\mathrm{d}t}=\Delta w$$

即

$$\Delta\dot{\delta}=\Delta w \tag{4.13}$$

另外，根据式（4.1）和式（4.2），可以得到如下方程：

$$H_j\frac{\mathrm{d}^2\delta}{\mathrm{d}t^2}=w_0(P_m-P_e-P_D) \tag{4.14}$$

当发电机功角 δ 获得增量 $\Delta\delta$ 时，则对应的发电机机械功率 P_m、电磁功率 P_e、机械损耗功率 P_D 也将分别获得增量 ΔP_m、ΔP_e、ΔP_D，根据式（4.14），可以得到

$$H_j \frac{\mathrm{d}^2(\delta+\Delta\delta)}{\mathrm{d}t^2} = w_0[(P_m+\Delta P_m)-(P_e+\Delta P_e)-(P_D+\Delta P_D)] \tag{4.15}$$

由微分法则，式（4.15）可以变形为

$$H_j \frac{\mathrm{d}^2\delta}{\mathrm{d}t^2} + H_j \frac{\mathrm{d}^2\Delta\delta}{\mathrm{d}t^2} = w_0[(P_m+\Delta P_m)-(P_e+\Delta P_e)-(P_D+\Delta P_D)] \tag{4.16}$$

将式（4.16）减去式（4.14），可得到如下偏差方程：

$$H_j \frac{\mathrm{d}^2\Delta\delta}{\mathrm{d}t^2} = w_0(\Delta P_m - \Delta P_e - \Delta P_D)$$

即

$$\frac{H_j \Delta\ddot{\delta}}{2\pi f_0} = \Delta P_m - \Delta P_e - \Delta P_D \tag{4.17}$$

式（4.13）和式（4.17）为发电机转子运动的偏差方程。

2. *励磁绕组电磁暂态偏差方程的求解*

根据式(4.9)，设系统在某一个微扰动量的作用下，发电机 q 轴暂态电动势 E_q' 获得增量 $\Delta E_q'$，则相应地 E_{fd} 和 E_q 也将获得增量 ΔE_{fd} 和 ΔE_q，同理，可以求得励磁绕组电磁暂态偏差方程为

$$\Delta E_{fd} = \Delta E_q + T_{d0}\Delta \dot{E}_q' \tag{4.18}$$

3. *励磁功率单元偏差方程的求解*

根据式（4.10），设系统在某一个微扰动量的作用下，电动势 E_{fd} 获得增量 ΔE_{fd}，则相应的励磁调节器的输出电压 U_R 也将获得增量 ΔU_R，同理，可以求得励磁功率单元的偏差方程为

$$\Delta \dot{E}_{fd} = -\frac{1}{T_e}\Delta E_{fd} + \frac{K_e}{T_e}\Delta U_R \tag{4.19}$$

4.3.2 非线性方程的偏差处理

1. *单机无穷大系统功角偏差方程的求解*

观察单机无穷大系统的功角方程可以知道，式（4.3）～式（4.6）均为非线性解析式，下面求解功角非线性方程的小偏差线性化表达式。

当变量之间的函数特性曲线在所研究的区域内没有间断点，在所研究的原点处的较小邻域内不存在多值关系或急骤的曲折时且方程在整个控制过程中都是适用的，就可以进行线性化。式（4.3）～式（4.6）均可以进行线性化。

对于式（4.3）～式（4.6）可以记为电磁功率 P_e 关于发电机空载电动势 E_q（或发电机 q 轴暂态电动势 E_q'）和发电机的功角 δ 的二元函数，记为

$$P_e = \varphi_1(E_q, \delta) \tag{4.20}$$

及

$$P_e = \varphi_2(E_q', \delta) \tag{4.21}$$

设平衡点为 $E_q = E_{q0}$，$\delta = \delta_0$，状态变量 E_q 及 δ 的小偏差分别设为 ΔE_q 及 $\Delta\delta$，将式（4.20）及式（4.21）在平衡点处展开为泰勒级数，可以得到

$$\begin{aligned} P_e &= \varphi_1(E_q, \delta) = \varphi_1(E_{q0} + \Delta E_q, \delta_0 + \Delta\delta) \\ &= \varphi_1(E_{q0}, \delta_0) + \frac{\partial \varphi_1}{\partial E_q}\Big|_{E_q = E_{q0}} \Delta E_q + \frac{\partial \varphi_1}{\partial \delta}\Big|_{\delta = \delta_0} \Delta\delta + \frac{1}{2!}\left(\frac{\partial^2 \varphi_1}{\partial E_q^2}\Big|_{E_q = E_{q0}} \Delta E_q^2 \right. \\ &\quad \left. + \frac{\partial^2 \varphi_1}{\partial \delta^2}\Big|_{\delta = \delta_0} \Delta\delta^2 + 2\frac{\partial^2 \varphi_1}{\partial E_q \partial \delta}\Big|_{E_q = E_{q0}, \delta = \delta_0} \Delta E_q \Delta\delta \right) + \cdots \end{aligned} \tag{4.22}$$

在式（4.22）中，把含有二阶导数及高于二阶导数的项略去，即得到线性化的功角方程：

$$P_e = \varphi_1(E_q, \delta) = \varphi_1(E_{q0}, \delta_0) + \frac{\partial \varphi_1}{\partial E_q}\Big|_{E_q = E_{q0}} \Delta E_q + \frac{\partial \varphi_1}{\partial \delta}\Big|_{\delta = \delta_0} \Delta\delta \tag{4.23}$$

在平衡点处有

$$P_{e0} = \varphi_1(E_q, \delta)\big|_{E_q = E_{q0}, \delta = \delta_0} = \varphi_1(E_{q0}, \delta_0) \tag{4.24}$$

将式（4.23）减去式（4.24），可得到如下偏差方程：

$$\Delta P_e = \frac{\partial \varphi_1}{\partial E_q}\Big|_{E_q = E_{q0}} \Delta E_q + \frac{\partial \varphi_1}{\partial \delta}\Big|_{\delta = \delta_0} \Delta\delta$$

记为

$$\Delta P_e = \frac{\partial \varphi_1}{\partial E_q} \Delta E_q + \frac{\partial \varphi_1}{\partial \delta} \Delta\delta \tag{4.25}$$

同理，对于式（4.21）可得

$$\Delta P_e = \frac{\partial \varphi_2}{\partial E'_q}\Delta E'_q + \frac{\partial \varphi_2}{\partial \delta}\Delta\delta \tag{4.26}$$

式（4.25）和式（4.26）为单机无穷大系统的功角偏差方程，其中一阶的偏导数都是在平衡点(E_{q0}, δ_0)处的值。

对于凸极机，根据式（4.3）、式（4.4），可以求出

$$\frac{\partial \varphi_1}{\partial E_q} = \frac{V_S}{X_{d\Sigma}}\sin\delta \tag{4.27}$$

$$\frac{\partial \varphi_2}{\partial E'_q} = \frac{V_S}{X'_{d\Sigma}}\sin\delta \tag{4.28}$$

$$\frac{\partial \varphi_1}{\partial \delta} = \frac{E_q V_S}{X_{d\Sigma}}\cos\delta + V_S^2\frac{X_{d\Sigma} - X_{q\Sigma}}{X_{d\Sigma}X_{q\Sigma}}\cos 2\delta \tag{4.29}$$

$$\frac{\partial \varphi_2}{\partial \delta} = \frac{E'_q V_S}{X'_{d\Sigma}}\cos\delta + V_S^2\frac{X'_{d\Sigma} - X_{q\Sigma}}{X'_{d\Sigma}X_{q\Sigma}}\cos 2\delta \tag{4.30}$$

对于隐极机，根据式（4.5）、式（4.6），可以求出

$$\frac{\partial \varphi_1}{\partial \delta} = \frac{E_q V_S}{X_{d\Sigma}}\cos\delta \tag{4.31}$$

$$\frac{\partial \varphi_2}{\partial \delta} = \frac{E'_q V_S}{X'_{d\Sigma}}\cos\delta + V_S^2\frac{X'_{d\Sigma} - X_{d\Sigma}}{X'_{d\Sigma}X_{d\Sigma}}\cos 2\delta \tag{4.32}$$

另外两项$\dfrac{\partial \varphi_1}{\partial E_q}$、$\dfrac{\partial \varphi_2}{\partial E'_q}$分别和式（4.27）、式（4.28）相同。

2. 发电机端电压偏差方程的求解

根据式（4.7）、式（4.8），同理可求得凸极机和隐极机的端电压偏差方程为

$$\Delta V_t = \frac{\partial V_t}{\partial \delta}\Delta\delta + \frac{\partial V_t}{\partial E_q}\Delta E_q \tag{4.33}$$

根据式（4.7），对于凸极机，可求得

$$\begin{aligned}\frac{\partial V_t}{\partial \delta} = {} & \frac{1}{2}\left(\frac{V_S^2 X_q^2 \sin 2\delta}{X_{q\Sigma}^2} - \frac{V_S^2 X_d^2 \sin 2\delta + 2X_S X_d E_q V_S \sin\delta}{X_{d\Sigma}^2}\right) \\ & \times\left(\frac{E_q^2 X_S^2 + V_S^2 X_d^2 \cos\delta + 2X_S X_d E_q V_S \cos\delta}{X_{d\Sigma}^2} + \frac{V_S^2 X_q^2 \sin^2\delta}{X_{q\Sigma}^2}\right)^{-\frac{1}{2}}\end{aligned} \tag{4.34}$$

$$\frac{\partial V_t}{\partial E_q}=\left(\frac{E_q X_S^2+X_S X_d V_S\cos\delta}{X_{d\Sigma}^2}\right)\times\left(\frac{E_q^2X_S^2+V_S^2X_d^2\cos\delta+2X_SX_dE_qV_S\cos\delta}{X_{d\Sigma}^2}+\frac{V_S^2X_q^2\sin^2\delta}{X_{q\Sigma}^2}\right)^{-\frac{1}{2}} \tag{4.35}$$

根据式（4.8），对于隐极机，可求得

$$\frac{\partial V_t}{\partial \delta}=-\frac{1}{X_{d\Sigma}}X_SX_dE_qV_s\sin\delta(E_q^2X_S^2+V_S^2X_d^2+2X_SX_dE_qV_S\cos\delta)^{-\frac{1}{2}} \tag{4.36}$$

$$\frac{\partial V_t}{\partial E_q}=\frac{1}{X_{d\Sigma}}(X_S^2E_q+X_SX_dV_S\cos\delta)\times(E_q^2X_S^2+V_S^2X_d^2+2X_SX_dE_qV_S\cos\delta)^{-\frac{1}{2}} \tag{4.37}$$

式（4.34）～式（4.37）中的一阶偏导数都是在平衡点(E_{q0},δ_0)处的值。

4.4　电力系统状态空间实用模型求解

本节的主要任务是基于 4.3 节的若干偏差方程，求解形如$\dot{X}=AX+BU$的电力系统状态方程[24]，为后面设计励磁控制器建立合适的数学模型。

基于发电机转子运动偏差方程、励磁绕组电磁暂态偏差方程、励磁功率单元偏差方程、单机无穷大系统功角偏差方程和发电机端电压偏差方程，可将单机无穷大系统的数学模型表示为以$[\Delta\delta \quad \Delta w \quad \Delta E_q' \quad \Delta E_{fd}]^{\mathrm{T}}$为状态向量的四阶状态方程，具体过程如下。

选择状态变量为$\Delta\delta$、Δw、$\Delta E_q'$、ΔE_{fd}。结合式（4.13），式（4.17）可变形为

$$\frac{H_j}{2\pi f_0}\Delta\dot{w}=\Delta P_m-\Delta P_e-\Delta P_D \tag{4.38}$$

将式（4.26）代入式（4.38），并使$\Delta P_D=\dfrac{D}{2\pi f_0}\Delta\dot{\delta}$，$D$为发电机的阻尼系数，得到线性化的转子运动方程为

$$\frac{H_j}{2\pi f_0}\Delta\dot{w}=\Delta P_m-\frac{\partial\varphi_2}{\partial E_q'}\Delta E_q'-\frac{\partial\varphi_2}{\partial\delta}\Delta\delta-\frac{D}{2\pi f_0}\Delta w \tag{4.39}$$

在设计励磁控制器时，可近似认为原动机提供给发电机的机械功率保持不变，则$\Delta P_m=0$，将式（4.39）进行整理，则有

$$\Delta\dot{w}=-\frac{w_0}{H_j}\frac{\partial\varphi_2}{\partial E_q'}\Delta E_q'-\frac{w_0}{H_j}\frac{\partial\varphi_2}{\partial\delta}\Delta\delta-\frac{D}{H_j}\Delta w \tag{4.40}$$

由式（4.25）和式（4.26）可得

$$\Delta E_q=\frac{\dfrac{\partial\varphi_2}{\partial\delta}-\dfrac{\partial\varphi_1}{\partial\delta}}{\dfrac{\partial\varphi_1}{\partial E_q}}\Delta\delta+\frac{\dfrac{\partial\varphi_2}{\partial E_q'}}{\dfrac{\partial\varphi_1}{\partial E_q}}\Delta E_q' \tag{4.41}$$

将式（4.41）代入式（4.18），加以整理可得

$$\Delta\dot{E}_q'=\frac{\dfrac{\partial\varphi_1}{\partial\delta}-\dfrac{\partial\varphi_2}{\partial\delta}}{T_{d0}R_E}\Delta\delta-\frac{X_{d\Sigma}}{T_{d0}X_{d\Sigma}'}\Delta E_q'+\frac{1}{T_{d0}}\Delta E_{fd} \tag{4.42}$$

由式(4.13)、式(4.19)、式(4.40)和式(4.42)，可得到以$[\Delta\delta \quad \Delta w \quad \Delta E_q' \quad \Delta E_{fd}]^{\mathrm{T}}$为状态向量的四阶状态方程：

$$\begin{bmatrix}\Delta\dot{\delta}\\ \Delta\dot{w}\\ \Delta\dot{E}_q'\\ \Delta\dot{E}_{fd}\end{bmatrix}=\begin{bmatrix}0 & 1 & 0 & 0\\ -\dfrac{w_0}{H_j}\dfrac{\partial\varphi_2}{\partial\delta} & -\dfrac{D}{H_j} & -\dfrac{w_0}{H_j}\dfrac{\partial\varphi_2}{\partial E_q'} & 0\\ \dfrac{\dfrac{\partial\varphi_1}{\partial\delta}-\dfrac{\partial\varphi_2}{\partial\delta}}{T_{d0}R_E} & 0 & -\dfrac{X_{d\Sigma}}{T_{d0}X_{d\Sigma}'} & \dfrac{1}{T_{d0}}\\ 0 & 0 & 0 & -\dfrac{1}{T_e}\end{bmatrix}\begin{bmatrix}\Delta\delta\\ \Delta w\\ \Delta E_q'\\ \Delta E_{fd}\end{bmatrix}+\begin{bmatrix}0\\ 0\\ 0\\ \dfrac{K_e}{T_e}\end{bmatrix}\Delta U_R \tag{4.43}$$

在式(4.43)中，状态变量$\Delta E_q'$是不便于测量的，可以用发电机端电压偏差ΔV_t来表示，即将状态向量变为$[\Delta\delta \quad \Delta w \quad \Delta V_t \quad \Delta E_{fd}]^{\mathrm{T}}$。由式（4.33）可以解出

$$\Delta E_q=\left(-\frac{\partial V_t}{\partial\delta}\Big/\frac{\partial V_t}{\partial E_q}\right)\Delta\delta+\left(1\Big/\frac{\partial V_t}{\partial E_q}\right)\Delta V_t \tag{4.44}$$

将式（4.44）代入式（4.25），消去ΔE_q，可得

$$\Delta P_e = M_1 \Delta \delta + M_2 \Delta V_t \tag{4.45}$$

式中，

$$M_1 = \frac{\partial \varphi_1}{\partial \delta} - M_2 \frac{\partial V_t}{\partial \delta}$$

$$M_2 = \frac{\partial \varphi_1}{\partial E_q} \bigg/ \frac{\partial V_t}{\partial E_q}$$

由式（4.26）与式（4.45），可解得

$$\Delta E'_q = \frac{M_1 - \dfrac{\partial \varphi_2}{\partial \delta}}{\dfrac{\partial \varphi_2}{\partial E'_q}} \Delta \delta + \frac{M_2}{\dfrac{\partial \varphi_2}{\partial E'_q}} \Delta V_t \tag{4.46}$$

将式（4.46）代入式（4.40），可得

$$\Delta \dot{w} = -\frac{w_0 M_1}{H_j} \Delta \delta - \frac{D}{H_j} \Delta w - \frac{w_0 M_2}{H_j} \Delta V_t \tag{4.47}$$

将式（4.46）代入式（4.42），并在化简过程中注意到$T'_d R'_E = T_{d0} R_E$，可得

$$\Delta \dot{V}_t = \frac{\dfrac{\partial \varphi_1}{\partial \delta} - M_1}{T_{d0} \dfrac{X'_{d\Sigma}}{X_{d\Sigma}} M_2} \Delta \delta + \frac{\dfrac{\partial \varphi_2}{\partial \delta} - M_1}{M_2} \Delta w - \frac{X_{d\Sigma}}{T_{d0} X'_{d\Sigma}} \Delta V_t + \frac{\dfrac{\partial \varphi_2}{\partial E'_q}}{T_{d0} M_2} \Delta E_{fd} \tag{4.48}$$

将式（4.47）和式（4.48）代入式（4.43），可得

$$\begin{bmatrix} \Delta \dot{\delta} \\ \Delta \dot{w} \\ \Delta \dot{V}_t \\ \Delta \dot{E}_{fd} \end{bmatrix} = \begin{bmatrix} 0 & 1 & 0 & 0 \\ -\dfrac{w_0 M_1}{H_j} & -\dfrac{D}{H_j} & -\dfrac{w_0 M_2}{H_j} & 0 \\ \dfrac{\dfrac{\partial \varphi_1}{\partial \delta} - M_1}{T_{d0} \dfrac{X'_{d\Sigma}}{X_{d\Sigma}} M_2} & \dfrac{\dfrac{\partial \varphi_2}{\partial \delta} - M_1}{M_2} & -\dfrac{X_{d\Sigma}}{T_{d0} X'_{d\Sigma}} & \dfrac{\dfrac{\partial \varphi_2}{\partial E'_q}}{T_{d0} M_2} \\ 0 & 0 & 0 & -\dfrac{1}{T_e} \end{bmatrix} \begin{bmatrix} \Delta \delta \\ \Delta w \\ \Delta V_t \\ \Delta E_{fd} \end{bmatrix} + \begin{bmatrix} 0 \\ 0 \\ 0 \\ \dfrac{K_e}{T_e} \end{bmatrix} \Delta U_R$$

令 $A_1 = \begin{bmatrix} 0 & 1 & 0 & 0 \\ -\dfrac{w_0 M_1}{H_j} & -\dfrac{D}{H_j} & -\dfrac{w_0 M_2}{H_j} & 0 \\ \dfrac{\dfrac{\partial \varphi_1}{\partial \delta} - M_1}{T_{d0} \dfrac{X'_{d\Sigma}}{X_{d\Sigma}} M_2} & \dfrac{\dfrac{\partial \varphi_2}{\partial \delta} - M_1}{M_2} & -\dfrac{X_{d\Sigma}}{T_{d0} X'_{d\Sigma}} & \dfrac{\dfrac{\partial \varphi_2}{\partial E'_q}}{T_{d0} M_2} \\ 0 & 0 & 0 & -\dfrac{1}{T_e} \end{bmatrix}$，则方程可简记为

$$\begin{bmatrix} \Delta\dot{\delta} \\ \Delta\dot{w} \\ \Delta\dot{V}_t \\ \Delta\dot{E}_{fd} \end{bmatrix} = A_1 \begin{bmatrix} \Delta\delta \\ \Delta w \\ \Delta V_t \\ \Delta E_{fd} \end{bmatrix} + \begin{bmatrix} 0 \\ 0 \\ 0 \\ \dfrac{K_e}{T_e} \end{bmatrix} \Delta U_R \tag{4.49}$$

在实际系统中，电磁功率 P_e 的测量比功角 δ 的测量更为方便，所以可以将状态向量重新变为$[\Delta P_e \quad \Delta w \quad \Delta V_t \quad \Delta E_{fd}]^{\mathrm{T}}$。由式（4.45），可得

$$\Delta\delta = \frac{1}{M_1}\Delta P_e - \frac{M_2}{M_1}\Delta V_t \tag{4.50}$$

根据式(4.50)，求得状态向量$[\Delta\delta \quad \Delta w \quad \Delta V_t \quad \Delta E_{fd}]^{\mathrm{T}}$和$[\Delta P_e \quad \Delta w \quad \Delta V_t \quad \Delta E_{fd}]^{\mathrm{T}}$之间的联系为

$$\begin{bmatrix} \Delta\delta \\ \Delta w \\ \Delta V_t \\ \Delta E_{fd} \end{bmatrix} = \begin{bmatrix} 1/M_1 & 0 & -M_2/M_1 & 0 \\ 0 & 1 & 0 & 0 \\ 0 & 0 & 1 & 0 \\ 0 & 0 & 0 & 1 \end{bmatrix} \begin{bmatrix} \Delta P_e \\ \Delta w \\ \Delta V_t \\ \Delta E_{fd} \end{bmatrix} \tag{4.51}$$

在式(4.51)中，令 $P = \begin{bmatrix} 1/M_1 & 0 & -M_2/M_1 & 0 \\ 0 & 1 & 0 & 0 \\ 0 & 0 & 1 & 0 \\ 0 & 0 & 0 & 1 \end{bmatrix}$，则以$[\Delta P_e \quad \Delta w \quad \Delta V_t \quad \Delta E_{fd}]^{\mathrm{T}}$为状态向量的状态方程为

$$\begin{bmatrix} \Delta\dot{P}_e \\ \Delta\dot{w} \\ \Delta\dot{V}_t \\ \Delta\dot{E}_{fd} \end{bmatrix} = P^{-1} A_1 P \begin{bmatrix} \Delta P_e \\ \Delta w \\ \Delta V_t \\ \Delta E_{fd} \end{bmatrix} + P^{-1} \begin{bmatrix} 0 \\ 0 \\ 0 \\ \dfrac{K_e}{T_e} \end{bmatrix} \Delta U_R = A_2 \begin{bmatrix} \Delta P_e \\ \Delta w \\ \Delta V_t \\ \Delta E_{fd} \end{bmatrix} + \begin{bmatrix} 0 \\ 0 \\ 0 \\ \dfrac{K_e}{T_e} \end{bmatrix} \Delta U_R \tag{4.52}$$

式中，

$$A_2 = P^{-1}A_1P = \begin{bmatrix} \dfrac{\dfrac{\partial\varphi_1}{\partial\delta}-M_1}{T_{d0}\dfrac{X'_{d\Sigma}}{X_{d\Sigma}}M_1} & \dfrac{\partial\varphi_2}{\partial\delta} & -\dfrac{M_2\dfrac{\partial\varphi_1}{\partial\delta}}{T_{d0}\dfrac{X'_{d\Sigma}}{X_{d\Sigma}}M_1} & \dfrac{\dfrac{\partial\varphi_2}{\partial E'_q}}{T_{d0}} \\ -\dfrac{w_0}{H_j} & -\dfrac{D}{H_j} & 0 & 0 \\ \dfrac{\dfrac{\partial\varphi_1}{\partial\delta}-M_1}{T_{d0}\dfrac{X'_{d\Sigma}}{X_{d\Sigma}}M_1M_2} & \dfrac{\dfrac{\partial\varphi_2}{\partial\delta}-M_1}{M_2} & -\dfrac{X_{d\Sigma}\dfrac{\partial\varphi_1}{\partial\delta}}{T_{d0}X'_{d\Sigma}M_1} & \dfrac{\dfrac{\partial\varphi_2}{\partial E'_q}}{T_{d0}M_2} \\ 0 & 0 & 0 & -\dfrac{1}{T_e} \end{bmatrix}$$

励磁机时间常数 $T_e \approx 0$，且 K_e 一般设为 1，根据式(4.10)可知，$\Delta U_R = \Delta E_{fd}$，因而式（4.52）退化为三阶的形式，得到单机无穷大电力系统状态方程实用模型为

$$\begin{bmatrix} \Delta\dot{P}_e \\ \Delta\dot{w} \\ \Delta\dot{V}_t \end{bmatrix} = \begin{bmatrix} \dfrac{\dfrac{\partial\varphi_1}{\partial\delta}-M_1}{T_{d0}\dfrac{X'_{d\Sigma}}{X_{d\Sigma}}M_1} & \dfrac{\partial\varphi_2}{\partial\delta} & -\dfrac{M_2\dfrac{\partial\varphi_1}{\partial\delta}}{T_{d0}\dfrac{X'_{d\Sigma}}{X_{d\Sigma}}M_1} \\ -\dfrac{w_0}{H_j} & -\dfrac{D}{H_j} & 0 \\ \dfrac{\dfrac{\partial\varphi_1}{\partial\delta}-M_1}{T_{d0}\dfrac{X'_{d\Sigma}}{X_{d\Sigma}}M_1M_2} & \dfrac{\dfrac{\partial\varphi_2}{\partial\delta}-M_1}{M_2} & -\dfrac{X_{d\Sigma}\dfrac{\partial\varphi_1}{\partial\delta}}{T_{d0}X'_{d\Sigma}M_1} \end{bmatrix} \begin{bmatrix} \Delta P_e \\ \Delta w \\ \Delta V_t \end{bmatrix} + \begin{bmatrix} \dfrac{\dfrac{\partial\varphi_2}{\partial E'_q}}{T_{d0}} \\ 0 \\ \dfrac{\dfrac{\partial\varphi_2}{\partial E'_q}}{T_{d0}M_2} \end{bmatrix} \Delta E_{fd} \tag{4.53}$$

式中，所有一阶偏导数都是在平衡点处的值。

参照状态方程的标准形式 $\dot{X} = AX + BU$，根据式（4.53），可知

$$X = [\Delta P_e \quad \Delta w \quad \Delta V_t]^{\mathrm{T}}$$

$$U = \Delta E_{fd}$$

$$A=\begin{bmatrix} \dfrac{\dfrac{\partial\varphi_1}{\partial\delta}-M_1}{T_{d0}\dfrac{X'_{d\Sigma}}{X_{d\Sigma}}M_1} & \dfrac{\partial\varphi_2}{\partial\delta} & -\dfrac{M_2\dfrac{\partial\varphi_1}{\partial\delta}}{T_{d0}\dfrac{X'_{d\Sigma}}{X_{d\Sigma}}M_1} \\ -\dfrac{w_0}{H_j} & -\dfrac{D}{H_j} & 0 \\ \dfrac{\dfrac{\partial\varphi_1}{\partial\delta}-M_1}{T_{d0}\dfrac{X'_{d\Sigma}}{X_{d\Sigma}}M_1M_2} & \dfrac{\dfrac{\partial\varphi_2}{\partial\delta}-M_1}{M_2} & -\dfrac{X_{d\Sigma}\dfrac{\partial\varphi_1}{\partial\delta}}{T_{d0}X'_{d\Sigma}M_1} \end{bmatrix}$$

$$B=\begin{bmatrix} \dfrac{\dfrac{\partial\varphi_2}{\partial E'_q}}{T_{d0}} \\ 0 \\ \dfrac{\dfrac{\partial\varphi_2}{\partial E'_q}}{T_{d0}M_2} \end{bmatrix}$$

对于多机电力系统的情况，由于电厂对动态品质和稳定性要求越来越高，所以一般都是远离负荷中心且与系统联系薄弱的，因而也就比较接近单机无穷大模式，单机无穷大系统如图 4.1 所示，其中V_t为发电机机端电压，X_T为主变压器电抗，X_L为线路电抗，V_S为无穷大母线电压[27]。在建立数学模型时，可把多机系统分解为若干单机无穷大系统，分别建立各电厂的实用模型。

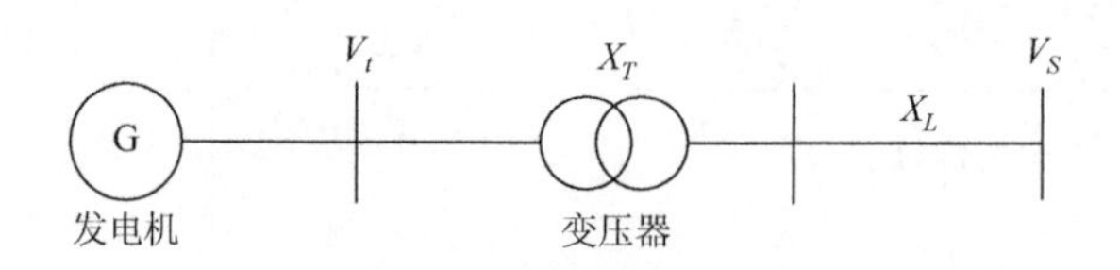

图 4.1　单机无穷大系统

4.5　模型求解的程序实现

本节将对状态方程数学模型求解的程序实现进行研究，并以某地区电网为算例，求解该电厂的电力系统数学模型。

4.5.1　模型求解算法

对于式（4.53）状态方程的求解，关键是计算系数矩阵 A 和 B。根据4.4节状态方程实用模型求解的过程，本书设计了模型求解的 MATLAB 程序，具体步骤如下。

步骤1：根据具体的电力系统对象，确定以下参数的具体值，包括 d 轴同步电抗 X_d、d 轴暂态电抗 X'_d、q 轴同步电抗 X_q、主变压器电抗 X_T、线路电抗 X_L、发电机励磁绕组的时间常数 T_{d0}、阻尼系数 D、机组转子惯性时间常数 H_j 以及发电机同步角速度 w_0。

步骤2：计算中间变量 $X_{d\Sigma}=X_d+X_T+X_L$，$X'_{d\Sigma}=X'_d+X_T+X_L$，$X_{q\Sigma}=X_q+X_T+X_L$，$X_S=X_T+X_L$，$\varphi=\arccos\lambda$，其中 φ 为功率因数角，λ 为发电机的功率因数。

步骤3：对电力系统进行潮流计算，获得电力系统的稳定状态（即工作点），确定稳定状态时的机端电压 V_{S0}、有功功率 P_0。

步骤4：计算稳态时的电流有效值 I_0（标幺值），$I_0=P_0/(V_{S0}\cos\varphi)$；计算假想电势 E_{Q0}，$E_{Q0}=\sqrt{(V_{S0}+X_qI_0\sin\varphi)^2+(X_qI_0\cos\varphi)^2}$；计算功角 δ_0，$\delta_0=\arctan\dfrac{X_qI_0\cos\varphi}{V_{S0}+X_qI_0\sin\varphi}$；计算发电机 d 轴电流 I_{d0}，$I_{d0}=I_0\sin(\delta+\varphi)$；计算发电机空载电动势 E_{q0}，$E_{q0}=E_{Q0}+(X_d-X_q)I_{d0}$；计算 q 轴暂态电动势 E'_{q0}，$E'_{q0}=E_{Q0}+(X'_d-X_q)I_{d0}$。

步骤5：计算 $\dfrac{\partial\varphi_1}{\partial E_q}$、$\dfrac{\partial\varphi_2}{\partial E'_q}$、$\dfrac{\partial\varphi_1}{\partial\delta}$、$\dfrac{\partial\varphi_2}{\partial\delta}$。无论对于隐极机或凸极机，都有 $\dfrac{\partial\varphi_1}{\partial E_q}=\dfrac{V_{S0}}{X_{d\Sigma}}\sin\delta_0$，$\dfrac{\partial\varphi_2}{\partial E'_q}=\dfrac{V_{S0}}{X'_{d\Sigma}}\sin\delta_0$。

若发电机为隐极机，则

$$\frac{\partial\varphi_1}{\partial\delta}=\frac{E_{q0}V_{S0}}{X_{d\Sigma}}\cos\delta_0$$

$$\frac{\partial\varphi_2}{\partial\delta}=\frac{E'_{q0}V_{S0}}{X'_{d\Sigma}}\cos\delta_0+V_{S0}^2\frac{X'_{d\Sigma}-X_{d\Sigma}}{X'_{d\Sigma}X_{d\Sigma}}\cos 2\delta_0$$

若发电机为凸极机，则

$$\frac{\partial \varphi_1}{\partial \delta}=\frac{E_{q0}V_{S0}}{X_{d\Sigma}}\cos\delta_0+V_{S0}^2\frac{X_{d\Sigma}-X_{q\Sigma}}{X_{d\Sigma}X_{q\Sigma}}\cos 2\delta_0$$

$$\frac{\partial \varphi_2}{\partial \delta}=\frac{E'_{q0}V_{S0}}{X'_{d\Sigma}}\cos\delta_0+V_{S0}^2\frac{X'_{d\Sigma}-X_{q\Sigma}}{X'_{d\Sigma}X_{q\Sigma}}\cos 2\delta_0$$

步骤 6：计算$\frac{\partial V_t}{\partial \delta}$、$\frac{\partial V_t}{\partial E_q}$。

对于隐极机：

$$\frac{\partial V_t}{\partial \delta}=-\frac{1}{X_{d\Sigma}}X_S X_d E_{q0}V_{s0}\sin\delta_0(E_{q0}^2X_S^2+V_{S0}^2X_d^2+2X_S X_d E_{q0}V_{S0}\cos\delta_0)^{-\frac{1}{2}}$$

$$\frac{\partial V_t}{\partial E_q}=\frac{1}{X_{d\Sigma}}(X_S^2E_{q0}+X_S X_d V_{S0}\cos\delta_0)\times(E_{q0}^2X_S^2+V_{S0}^2X_d^2+2X_S X_d E_{q0}V_{S0}\cos\delta_0)^{-\frac{1}{2}}$$

对于凸极机：

$$\frac{\partial V_t}{\partial \delta}=\frac{1}{2}\left(\frac{V_{S0}^2X_q^2\sin 2\delta_0}{X_{q\Sigma}^2}-\frac{V_{S0}^2X_d^2\sin 2\delta_0+2X_S X_d E_{q0}V_{S0}\sin\delta_0}{X_{d\Sigma}^2}\right)$$
$$\times\left(\frac{E_{q0}^2X_S^2+V_{S0}^2X_d^2\cos\delta_0+2X_S X_d E_{q0}V_{S0}\cos\delta_0}{X_{d\Sigma}^2}+\frac{V_{S0}^2X_q^2\sin^2\delta_0}{X_{q\Sigma}^2}\right)^{-\frac{1}{2}}$$

$$\frac{\partial V_t}{\partial E_q}=\left(\frac{E_{q0}X_S^2+X_S X_d V_{S0}\cos\delta_0}{X_{d\Sigma}^2}\right)$$
$$\times\left(\frac{E_{q0}^2X_S^2+V_{S0}^2X_d^2\cos\delta_0+2X_S X_d E_{q0}V_{S0}\cos\delta_0}{X_{d\Sigma}^2}+\frac{V_{S0}^2X_q^2\sin^2\delta_0}{X_{q\Sigma}^2}\right)^{-\frac{1}{2}}$$

步骤 7：计算M_1、M_2。

$$M_1=\frac{\partial \varphi_1}{\partial \delta}-M_2\frac{\partial V_t}{\partial \delta},\quad M_2=\frac{\partial \varphi_1}{\partial E_q}\Bigg/\frac{\partial V_t}{\partial E_q}$$

经过以上步骤，便可确定状态系数矩阵 A 和控制系数矩阵 B 中的全部元素，式（4.53）的状态方程便可建立起来。模型求解的流程图如图 4.2 所示。

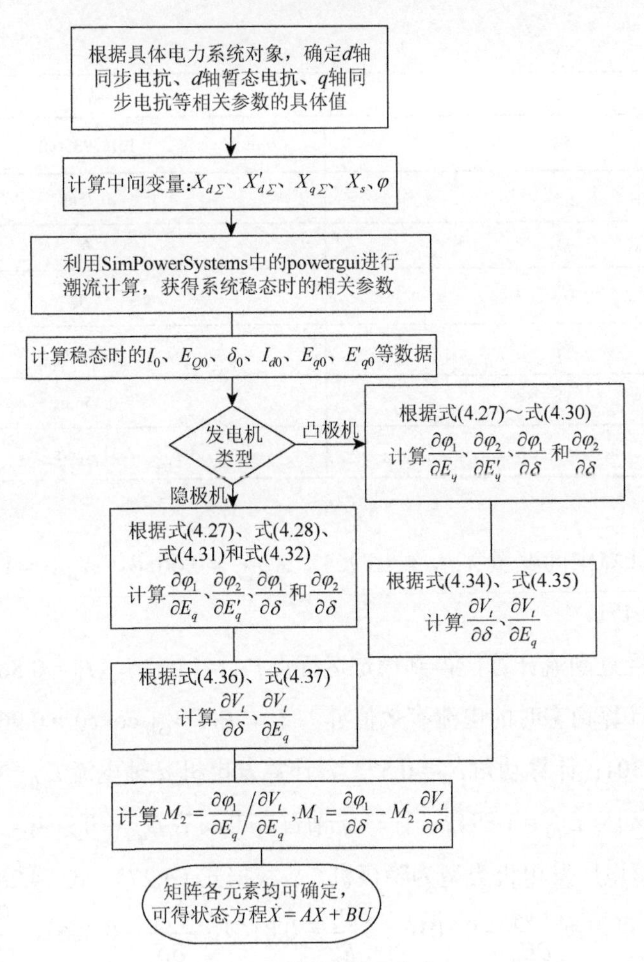

图 4.2　模型求解的流程图

4.5.2　实例研究

以某地区的电网为例，该地区只有一个发电厂，可建立对应的单机无穷大仿真模型。

步骤 1：根据具体对象，发电机及电网参数如表 4.1 所示。

表 4.1　发电机及电网参数

参数	数值
X_d	1.283935p.u.
X'_d	0.151265p.u.

续表

参数	数值
X_q	1.083935p.u.
T_{d0}	0.756s
D	0
H_j	8.4s
X_T	0.16p.u.
X_L	0.35p.u.
w_0	314rad/s

步骤 2：计算中间变量 $X_{d\Sigma}=1.7964$，$X'_{d\Sigma}=0.6638$，$X_{q\Sigma}=1.5964$，$X_S=0.5125$，$\varphi=0.451$。

步骤 3：经过潮流计算，得到稳定运行点 $V_{t0}=1.0\text{p.u.}$，$P_0=0.8649\text{p.u.}$。

步骤 4：计算稳态时的电流有效值 I_0，$I_0=P_0/(V_{S0}\cos\varphi)=0.961$；计算假想电势 $E_{Q0}=1.7301$；计算功角 $\delta_0=0.5727$；计算发电机 d 轴电流 $I_{d0}=0.8207$；计算发电机空载电动势 $E_{q0}=1.8942$；计算 q 轴暂态电动势 $E'_{q0}=0.9646$。

步骤 5：该电厂发电机类型为隐极机，故根据式（4.27）、式（4.28）、式（4.31）和式（4.32），可得到 $\dfrac{\partial\varphi_1}{\partial E_q}=0.3016$，$\dfrac{\partial\varphi_2}{\partial E'_q}=0.8164$，$\dfrac{\partial\varphi_1}{\partial\delta}=0.8862$，$\dfrac{\partial\varphi_2}{\partial\delta}=0.8293$。

步骤 6：根据式（4.36）和式（4.37）计算 $\dfrac{\partial V_t}{\partial\delta}=-0.1737$，$\dfrac{\partial V_t}{\partial E_q}=0.2702$。

步骤 7：计算 M_1、M_2。$M_2=\dfrac{\partial\varphi_1}{\partial E_q}\Big/\dfrac{\partial V_t}{\partial E_q}=1.1166$，$M_1=\dfrac{\partial\varphi_1}{\partial\delta}-M_2\dfrac{\partial V_t}{\partial\delta}=1.0801$。

步骤 8：将求得的各参数代入式（4.53），可确定矩阵

$$A=\begin{bmatrix}-0.6427 & 0.8293 & -3.2796\\ -37.3810 & 0 & 0\\ -0.5756 & -0.2246 & -2.9372\end{bmatrix}，矩阵 B=\begin{bmatrix}1.0799\\ 0\\ 0.9671\end{bmatrix}。$$

通过以上步骤，最后求得该地区电力系统的三阶状态方程数学模型为

$$\begin{bmatrix} \Delta\dot{P}_e \\ \Delta\dot{w} \\ \Delta\dot{V}_t \end{bmatrix} = \begin{bmatrix} -0.6427 & 0.8293 & -3.2796 \\ -37.3810 & 0 & 0 \\ -0.5756 & -0.2246 & -2.9372 \end{bmatrix} \begin{bmatrix} \Delta P_e \\ \Delta w \\ \Delta V_t \end{bmatrix} + \begin{bmatrix} 1.0799 \\ 0 \\ 0.9671 \end{bmatrix} \Delta E_{fd} \quad (4.54)$$

4.6 本章小结

为了建立电力系统比较实用的数学模型，本章从电力系统的基本方程出发，对电力系统各环节的数学模型进行分析，进而将发电机转子运动偏差方程、单机无穷大系统功角偏差方程、发电机端电压偏差方程、励磁绕组电磁暂态偏差方程、励磁功率单元偏差方程分为两类：线性微分方程和非线性方程。为了得到电力系统状态方程数学模型，将电力系统线性微分方程和非线性方程分别进行了小偏差线性化处理，建立了电力系统各环节基本方程在平衡点小偏差范围内的偏差方程。在此基础上，建立了以$[\Delta P_e \quad \Delta w \quad \Delta V_t]^{\mathrm{T}}$为状态向量的三阶状态方程数学模型。进一步根据电力系统状态方程实用模型的求解过程，设计了模型求解算法，并给出了具体步骤。最后，以某地区电网为仿真算例，利用程序计算出了该地区电力系统的三阶状态方程数学模型。

参考文献

[1] Bhukya J，Mahajan V. Mathematical modelling and stability analysis of PSS for damping LFOs of wind power system. IET Renewable Power Generation，2019，13（1）：103-115.

[2] Chaban A，Szafraniec A，Levoniuk V. Mathematical modelling of transient processes in power systems considering effect of high-voltage circuit breakers. Przeglad Elektrotechniczny，2019，95（1）：49-52.

[3] Alam M T，Ahsan Q. A mathematical model for the loadability analysis of a simultaneous AC-DC power transmission system. Electrical Engineering，2018，100（3）：1901-1911.

[4] Plis M，Rusinowski H. A mathematical model of an existing gas-steam combined heat and power plant for thermal diagnostic systems. Energy，2018，156：606-619.

[5] Alam M T，Ahsan Q. A mathematical model for the transient stability analysis of a simultaneous AC-DC power transmission system. IEEE Transactions on Power Systems，2018，33（4）：3510-3520.

[6] Safari A，Shahsavari H，Salehi J. A mathematical model of SOFC power plant for dynamic simulation of multi-machine power systems. Energy，2018，149：397-413.

[7] Kalimoldayev M N，Abdildayeva A A，Akhmetzhanov M A，et al. Mathematical modeling of the problem of

optimal control of electric power systems. News of the National Academy of Sciences of the Republic of Kazakhstan-Series Physico-Mathematical，2018，5（321）：62-67.

[8] Majka L，Paszek S. Mathematical model parameter estimation of a generating unit operating in the Polish national power system. Bulletin of the Polish Academy of Sciences：Technical Sciences，2016，64（2）：409-416.

[9] Cong L，Wang Y，Hill D J. Transient stability and voltage regulation enhancement via coordinated control of generator excitation and SVC. International Journal of Electric Power and Energy Systems，2005，27（2）：121-130.

[10] Dong Z Y，Hill D J，Guo Y. A power system control scheme based on security visualisation in parameter space. International Journal of Electrical Power and Energy Systems，2005，27（7）：488-495.

[11] Fan J Y，Ortmeyer T H，Mukundan R. Power system stability improvement with multivariable self-tuning control. IEEE Transactions on Power Systems，1990，5（1）：227-234.

[12] Kemmetmuller W，Muller S，Kugi A. Mathematical modeling and nonlinear controller design for a novel electrohydraulic power-steering system. IEEE/ASME Transactions on Mechatronics，2007，12（1）：85-97.

[13] Psillakis H E，Alexandridis A T. A new excitation control for multimachine power systems I：Decentralized nonlinear adaptive control design and stability analysis. International Journal of Control，Automation and Systems，2005，3（2）：278-287.

[14] Halder A，Pal N，Mondal D. Transient stability analysis of a multimachine power system with TCSC controller：A zero dynamic design approach. International Journal of Electrical Power and Energy Systems，2018，97：51-71.

[15] Movahedi A，Niasar A H，Gharehpetian G B. Designing SSSC，TCSC，and STATCOM controllers using AVURPSO，GSA，and GA for transient stability improvement of a multi-machine power system with PV and wind farms. International Journal of Electrical Power and Energy Systems，2019，106：455-466.

[16] Rashad A，Kamel S，Jurado F. Stability improvement of power systems connected with developed wind farms using SSSC controller. Ain Shams Engineering Journal，2018，9（4）：2767-2779.

[17] Kahouli O，Ashammari B，Sebaa K，et al. Type-2 fuzzy logic controller based pss for large scale power systems stability. Engineering Technology and Applied Science Research，2018，8（5）：3380-3386.

[18] Nahak N，Mallick R K. Enhancement of small signal stability of power system using UPFC based damping controller with novel optimized fuzzy PID controller. Journal of Intelligent and Fuzzy Systems，2018，35（1）：501-512.

[19] Li C，Deng J C，Zhang X P. Coordinated design and application of robust damping controllers for shunt FACTS devices to enhance small-signal stability of large-scale power systems. CSEE Journal of Power and Energy Systems，2017，3（4）：399-407.

[20] Hamidi A，Beiza J，Babaei E，et al. Adaptive controller design based on input-output signal selection for voltage source converter high voltage direct current systems to improve power system stability. Journal of Central South University，2016，23（9）：2254-2267.

[21] Liu Y，Wu Q H，Zhou X X. Coordinated switching controllers for transient stability of multi-machine power systems. IEEE Transactions on Power Systems，2016，31（5）：3937-3949.

[22]　张风营，朱守真. 基于强跟踪滤波器的自适应励磁控制器. 中国电机工程学报，2005，25（23）：31-35.

[23]　陈前，毛承雄. 基于改进 Elman 网络的最优励磁控制器. 大电机技术，2007，3：51-55.

[24]　韩英铎，高景德. 电力系统最优分散协调控制. 北京：清华大学出版社，1997.

[25]　Dehghani M，Nikravesh S K Y. Decentralized nonlinear H_∞ controller for large scale power systems. International Journal of Electrical Power and Energy Systems，2011，33（8）：1389-1398.

[26]　卢强，王仲鸿，韩英铎. 输电系统最优控制. 北京：科学出版社，1982.

[27]　Lahdhiri T，Alouani A T. Design of a robust nonlinear excitation controller for a single machine infinite-bus power system. Proceedings of the Annual Southeastern Symposium on System Theory，Cookeville，1997：228-231.

第5章　基于系统阻尼比的最优励磁控制器设计

5.1　概　　述

低频振荡对电力系统的安全稳定运行构成了巨大威胁，如果没有得到有效的抑制，很可能会引起连锁故障，造成大面积停电。因此，对电力系统低频振荡抑制的研究受到越来越多的重视[1-15]。在电力系统低频振荡的控制技术方面，有的是采用在发电机励磁系统上安装PSS的方法，这种方法虽然得到广泛的使用，但是基于一种运行方式配置的PSS对于其他运行方式常难以取得令人满意的控制效果[16, 17]。还有的是设计线性最优励磁控制器（optimal excitation controller，OEC）[18-22]，OEC可以增强电力系统遭受扰动时的阻尼，尤其是对大规模联网后容易出现的低频振荡有较好的抑制作用，但OEC在设计过程中，必须先给定权矩阵Q和R。目前，确定权矩阵比较简单的方法是经验法和试凑法，需要多次仿真实验或现场测试才能确定较好的权矩阵，进而得到反馈系数，这在实际中是很不方便和费时的。基于此，本章提出一种基于系统阻尼比的最优励磁控制器（damping optimal excitation controller，DOEC）设计方法。在设计中，通过期望的阻尼比来确定系统的反馈增益矩阵，DOEC能有效地提高系统的阻尼特性，相对于常规的PSS和OEC，该方法对系统故障后的低频振荡有更好的抑制作用，提高了电力系统的稳定性。

本章的组织结构如下：5.1节为概述；5.2节为相关研究基础；5.3节为基于系统阻尼比的最优励磁控制器设计；5.4节为仿真研究；5.5节为本章小结。

5.2　相关研究基础

本节首先对最优控制系统的设计原理进行简述[23-25]，然后基于第4章所求得的数学模型，对电力系统多变量反馈最优控制进行研究，最后以线性化的转子运动方程为基础，分析不同阻尼情况下，发电机功角偏差的时域响应特点。

5.2.1　最优控制基本概念

1. 受控系统的数学模型

一个集中参数的受控系统总可以用一组一阶微分方程来描述，即状态方程，其一般形式为

$$\dot{X}(t)=f(X(t),U(t),t)$$

式中，$X(t)=[x_1,x_2,\cdots,x_n]^{\mathrm{T}}$ 是 n 维状态向量；$U(t)=[u_1,u_2,\cdots,u_r]^{\mathrm{T}}$ 为 r 维控制向量；$f(X(t),U(t),t)$ 为 n 维函数向量，即

$$\dot{X}(t)=f(X(t),U(t),t)=\begin{bmatrix} f_1(X(t),U(t),t) \\ f_2(X(t),U(t),t) \\ \vdots \\ f_n(X(t),U(t),t) \end{bmatrix}$$

t 是实数自变量。

2. 目标集

如果把状态视为 n 维欧氏空间中的一个点，在最优控制问题中，起始状态（初态）通常是已知的，即

$$X(t_0)=X(0)$$

式中，t_0 称为初态时刻。而所达到的状态（末态）可以是状态空间中的一个点或者事先规定的范围内，对末态的要求可以用末态约束条件来表示：

$$\begin{cases} g_1(X(t_f),t_f)=0 \\ g_2(X(t_f),t_f)\leqslant 0 \end{cases}$$

式中，t_f 称为末态时刻。满足末态约束的状态集合称为目标集，记为 M，即

$$M=\{X(t_f):X(t_f)\in\mathbb{R}^n,g_1(X(t_f),t_f)=0,g_2(X(t_f),t_f)\leqslant 0\}$$

末态时刻 t_f 可以事先规定，也可以是未知的。

有时初态也没有完全给定，这时，初态集合可以类似地用初态约束来表示。

3. 容许控制

在实际控制问题中，大多数控制量受客观条件的限制，只能在一定范围内取值，这种限制通常可以用如下不等式约束来表示：

$$0 \leqslant U(t) \leqslant U_{\max} \text{ 或 } |u_i| \leqslant \alpha, \quad i = 1, 2 \cdots, r$$

上述由控制约束所规定的点集称为控制域 K，凡在闭区间 $[t_0,\ t_f]$ 上有定义，且在控制域 K 内取值的每一个控制函数 $U(t)$ 均称为容许控制，并记为 $U(t) \in K$。

4. 性能指标

从给定初态 $X(t_0)$ 到目标集 M 的转移可通过不同的控制律 $U(t)$ 来实现，为了在各种可行的控制律中找出效果最好的一种控制，这就需要首先建立一种评价控制效果好坏或控制品质优劣的性能指标函数。

选择性能指标主要取决于问题所要解决的主要矛盾，并对设计者所关心的控制质量应有切实的估计。但是，由于设计者的着眼点不同，即使是同一个问题，其性能指标也可能不同，因此，性能指标的选择是比较灵活的。

通常情况下，最优控制问题的性能指标一般可概括为如下形式：

$$J[U(\cdot)] = S(X(t_f), t_f) + \int_{t_0}^{t_f} L(X(t), U(t), t)\mathrm{d}t$$

式中，$X(t)$ 是动态系统，起始于 $X(t_0) = X_0$，对应于 $U(t)$ 的状态轨线，$X(t_f)$ 是此轨线在终端时刻的值。

$S(X(t_f), t_f)$ 是接近目标集程度，即末态控制精度的度量，称为末值型性能指标。$\int_{t_0}^{t_f} L(X(t), U(t), t)\mathrm{d}t$ 称为积分型性能指标，它能反映控制过程偏差在某种意义下的平均或控制过程的快速性，同时能反映燃料或能量的消耗。既包含末值型指标又包含积分型指标的性能指标称为复合型性能指标。

5. 最优控制的提法

已知受控系统的状态方程及给定的初态：

$$\dot{X}(t) = f(X(t), U(t), t), \quad X(t_0) = X(0)$$

规定的目标集为 M，求一个容许控制 $U(t)\in K$, $t\in[t_0, \ t_f]$ 使系统从给定的初态出发，在 $t_f > t_0$ 时刻转移到目标集 M，并使性能指标 $J[U(\cdot)] = S(X(t_f),t_f) + \int_{t_0}^{t_f} L(X(t),U(t),t)\mathrm{d}t$ 为最小，即最优控制问题。如果问题有解，那么最优控制量记为 $U^*(t)$，相应的轨线 $X^*(t)$ 线称为最优轨线，相应的性能指标 $J^* = J[U^*(\cdot)]$ 称为最优性能指标。

5.2.2 状态量反馈最优控制系统设计原理

设线性系统状态空间方程为

$$\dot{X}(t) = A(t)X(t) + B(t)U(t) \tag{5.1}$$

式中，$X(t)$ 为 n 维状态向量；$A(t)$ 为 $n\times n$ 阶状态系数矩阵；$B(t)$ 为 $n\times r$ 阶控制系数矩阵；$U(t)$ 为 r 维控制向量。

若系统的性能指标采用二次型性能指标有

$$J = \frac{1}{2}\int_0^\infty [X^{\mathrm{T}}(t)QX(t) + U^{\mathrm{T}}(t)RU(t)]\mathrm{d}t = J_{\min} \tag{5.2}$$

则能够使泛函 J 达到极小值的控制规律称为最优控制规律。

令辅助泛函如下：

$$J^* = \int_0^\infty \left[\frac{1}{2}(X^{\mathrm{T}}(t)QX(t) + U^{\mathrm{T}}(t)RU(t)) + \Lambda^{\mathrm{T}}(t)(A(t)X(t) + B(t)U(t)) - \Lambda^{\mathrm{T}}(t)\dot{X}(t)\right]\mathrm{d}t \tag{5.3}$$

式中，$\Lambda(t)$ 为 n 维拉格朗日乘子向量。

由此可写出 H 函数为

$$H(X,\Lambda,U) = \frac{1}{2}[X^{\mathrm{T}}(t)QX(t) + U^{\mathrm{T}}(t)RU(t)] + \Lambda^{\mathrm{T}}(t)A(t)X(t) + \Lambda^{\mathrm{T}}(t)B(t)U(t) \tag{5.4}$$

根据海米尔登-庞特里亚金方程，可以得出对应于线性系统的最优化条件为

$$\dot{\Lambda}(t) = -\frac{\partial}{\partial X}H(X,\Lambda,U) = -QX(t) - A^{\mathrm{T}}(t)\Lambda(t) \tag{5.5}$$

$$\frac{\partial}{\partial U}H(X,\Lambda,U) = RU(t) - B^{\mathrm{T}}(t)\Lambda(t) = 0 \tag{5.6}$$

$$\dot{X}(t)=A(t)X(t)+B(t)U(t) \tag{5.7}$$

由式（5.6），可得最优控制规律为

$$U^{*}(t)=-R^{-1}B^{\mathrm{T}}(t)\Lambda(t) \tag{5.8}$$

将式（5.8）代入式（5.7），得到

$$\dot{X}(t)=A(t)X(t)-B(t)R^{-1}B^{\mathrm{T}}(t)\Lambda(t) \tag{5.9}$$

在由式（5.5）～式（5.7）组成最优化条件的三组方程中，副状态向量$\Lambda(t)$不是我们所需要的。我们的主要目标是从方程中解出最优控制向量$U^{*}(t)$。所以应该将$\Lambda(t)$副状态向量从方程中消去，能够从线性系统状态方程中的矩阵$A(t)$与矩阵$B(t)$直接求出最优控制向量$U^{*}(t)$。

由式（5.9）和式（5.5）可组成如下微分方程组：

$$\begin{cases}\dot{\Lambda}(t)=-QX(t)-A^{\mathrm{T}}(t)\Lambda(t)\\ \dot{X}(t)=A(t)X(t)-B(t)R^{-1}B^{\mathrm{T}}(t)\Lambda(t)\end{cases} \tag{5.10}$$

式（5.10）是含有$2n$个未知数$x_1(t),x_2(t),\cdots,x_n(t)$；$\lambda_1(t),\lambda_2(t),\cdots,\lambda_n(t)$的一阶线性齐次常微分方程组，称为具有二次型性能指标的海米尔登-庞特里亚金方程，其解可表示为

$$\begin{bmatrix}X(t)\\ \Lambda(t)\end{bmatrix}=\begin{bmatrix}\psi_{11}(t) & \psi_{12}(t) & \cdots & \psi_{1(2n)}(t)\\ \psi_{21}(t) & \psi_{22}(t) & \cdots & \psi_{2(2n)}(t)\\ \vdots & \vdots & & \vdots\\ \psi_{(2n)1}(t) & \psi_{(2n)2}(t) & \cdots & \psi_{(2n)(2n)}(t)\end{bmatrix}\begin{bmatrix}c_1\\ c_2\\ \vdots\\ c_{2n}\end{bmatrix} \tag{5.11}$$

式中，$c_1,c_2,\cdots,c_{2n}$为积分常数，式（5.11）简记为

$$\begin{bmatrix}X(t)\\ \Lambda(t)\end{bmatrix}=\Psi(t)C \tag{5.12}$$

式中，$\Psi(t)$为$2n\times 2n$阶矩阵；C为$2n$维向量；$X(t)$为n维状态向量；$\Lambda(t)$为n维副状态向量。

将初始条件$X(t)|_{t=t_0}=X(t_0)$，$\Lambda(t)|_{t=t_0}=\Lambda(t_0)$，$\Psi(t)|_{t=t_0}=\Psi(t_0)$代入式（5.12）中，可得

$$C=\Psi^{-1}(t_0)\begin{bmatrix}X(t_0)\\ \Lambda(t_0)\end{bmatrix} \tag{5.13}$$

将式（5.13）代入式（5.12）中，设$\Phi(t,t_0)=\Psi(t)\Psi^{-1}(t_0)$，则有

$$\begin{bmatrix} X(t) \\ \varLambda(t) \end{bmatrix} = \varPhi(t,t_0)\begin{bmatrix} X(t_0) \\ \varLambda(t_0) \end{bmatrix} \tag{5.14}$$

式中，$\varPhi(t,t_0)$ 为转移矩阵。

在式（5.14）中，令 $t=T\to\infty$（T 为终端时间），那么 t_0 可为任意的，则有

$$\begin{bmatrix} X(\infty) \\ \varLambda(\infty) \end{bmatrix} = \varPhi(\infty,t)\begin{bmatrix} X(t) \\ \varLambda(t) \end{bmatrix} \tag{5.15}$$

在式（5.15）中，$\varPhi(\infty,t)$ 是一个 $2n\times 2n$ 阶矩阵，可将其划分为 4 个 $n\times n$ 阶方阵，令

$$\varPhi(\infty,t)=\begin{bmatrix} \varPhi_{11}(\infty,t) & \varPhi_{12}(\infty,t) \\ \varPhi_{21}(\infty,t) & \varPhi_{22}(\infty,t) \end{bmatrix}$$

则式（5.15）可写成下述形式：

$$\begin{bmatrix} X(\infty) \\ \varLambda(\infty) \end{bmatrix} = \begin{bmatrix} \varPhi_{11}(\infty,t) & \varPhi_{12}(\infty,t) \\ \varPhi_{21}(\infty,t) & \varPhi_{22}(\infty,t) \end{bmatrix}\begin{bmatrix} X(t) \\ \varLambda(t) \end{bmatrix}$$

此处，$\varPhi_{11}(\infty,t)$，$\varPhi_{12}(\infty,t)$，$\varPhi_{21}(\infty,t)$，$\varPhi_{22}(\infty,t)$ 为 $n\times n$ 阶方阵。

若控制系统是稳定的，则当 $t=T\to\infty$ 时，$X(\infty)\to 0$。同时在此有 $\varLambda(\infty)=0$。根据式（5.15），则有

$$\begin{cases} \varPhi_{11}(\infty,t)X(t)+\varPhi_{12}(\infty,t)\varLambda(t)=0 \\ \varPhi_{11}(\infty,t)X(t)+\varPhi_{22}(\infty,t)\varLambda(t)=0 \end{cases} \tag{5.16}$$

从式（5.16）中可得到 $\varLambda(t)$ 为

$$\varLambda(t)=[\varPhi_{22}(\infty,t)-\varPhi_{12}(\infty,t)]^{-1}[\varPhi_{11}(\infty,t)-\varPhi_{21}(\infty,t)]X(t)$$

在 $\varLambda(t)$ 的表达式中令

$$P(t)=[\varPhi_{22}(\infty,t)-\varPhi_{12}(\infty,t)]^{-1}[\varPhi_{11}(\infty,t)-\varPhi_{21}(\infty,t)]$$

于是可得到

$$\varLambda(t)=P(t)X(t) \tag{5.17}$$

将式（5.17）代入式（5.8）中，可得最优控制律为

$$U^*(t)=-R^{-1}B^{\mathrm{T}}(t)P(t)X(t) \tag{5.18}$$

式中，若令

$$K^*(t)=R^{-1}B^{\mathrm{T}}(t)P(t)$$

则最优控制律可写为

$$U^*(t) = -K^*(t)X(t)$$

在式（5.18）中，$P(t)$ 为里卡蒂方程 $PA + A^{\mathrm{T}}P - PBR^{-1}B^{\mathrm{T}}P + Q = 0$ 的解，其中 Q,R 为权矩阵。

5.2.3　电力系统多变量反馈最优控制

将第 4 章的式（4.53）的单机无穷大电力系统状态方程重新列写为

$$\begin{bmatrix}\Delta\dot{P}_e\\ \Delta\dot{w}\\ \Delta\dot{V}_t\end{bmatrix}=\begin{bmatrix}\dfrac{\dfrac{\partial\varphi_1}{\partial\delta}-M_1}{T_{d0}\dfrac{X'_{d\Sigma}}{X_{d\Sigma}}M_1} & \dfrac{\partial\varphi_2}{\partial\delta} & -\dfrac{M_2\dfrac{\partial\varphi_1}{\partial\delta}}{T_{d0}\dfrac{X'_{d\Sigma}}{X_{d\Sigma}}M_1}\\ -\dfrac{w_0}{H_j} & -\dfrac{D}{H_j} & 0\\ \dfrac{\dfrac{\partial\varphi_1}{\partial\delta}-M_1}{T_{d0}\dfrac{X'_{d\Sigma}}{X_{d\Sigma}}M_1M_2} & \dfrac{\dfrac{\partial\varphi_2}{\partial\delta}-M_1}{M_2} & -\dfrac{X_{d\Sigma}\dfrac{\partial\varphi_1}{\partial\delta}}{T_{d0}X'_{d\Sigma}M_1}\end{bmatrix}\begin{bmatrix}\Delta P_e\\ \Delta w\\ \Delta V_t\end{bmatrix}+\begin{bmatrix}\dfrac{\dfrac{\partial\varphi_2}{\partial E'_q}}{T_{d0}}\\ 0\\ \dfrac{\dfrac{\partial\varphi_2}{\partial E'_q}}{T_{d0}M_2}\end{bmatrix}\Delta E_{fd} \tag{5.19}$$

研究表明，式（5.18）的 P 矩阵为 3×3 阶对称正定实矩阵，可表示为

$$P=\begin{bmatrix}p_{11} & p_{12} & p_{13}\\ p_{21} & p_{22} & p_{23}\\ p_{31} & p_{32} & p_{33}\end{bmatrix}$$

根据式（5.18），最优反馈增益矩阵为 $K = R^{-1}B^{\mathrm{T}}P$，若选择权矩阵 $R = 1$，则有 $K = B^{\mathrm{T}}P$，根据式（5.19），有

$$B=\begin{bmatrix}\dfrac{\dfrac{\partial\varphi_2}{\partial E'_q}}{T_{d0}} & 0 & \dfrac{\dfrac{\partial\varphi_2}{\partial E'_q}}{T_{d0}M_2}\end{bmatrix}^{\mathrm{T}}$$

于是可得

$$K=\begin{bmatrix}\dfrac{\dfrac{\partial\varphi_2}{\partial E'_q}}{T_{d0}} & 0 & \dfrac{\dfrac{\partial\varphi_2}{\partial E'_q}}{T_{d0}M_2}\end{bmatrix}\begin{bmatrix}p_{11} & p_{12} & p_{13}\\ p_{21} & p_{22} & p_{23}\\ p_{31} & p_{32} & p_{33}\end{bmatrix}=[K_1 \quad K_2 \quad K_3]$$

式中

$$K_1=\frac{\dfrac{\partial\varphi_2}{\partial E_q'}}{T_{d0}}p_{11}+\frac{\dfrac{\partial\varphi_2}{\partial E_q'}}{T_{d0}M_2}p_{31}$$

$$K_2=\frac{\dfrac{\partial\varphi_2}{\partial E_q'}}{T_{d0}}p_{12}+\frac{\dfrac{\partial\varphi_2}{\partial E_q'}}{T_{d0}M_2}p_{32}$$

$$K_3=\frac{\dfrac{\partial\varphi_2}{\partial E_q'}}{T_{d0}}p_{13}+\frac{\dfrac{\partial\varphi_2}{\partial E_q'}}{T_{d0}M_2}p_{33}$$

根据式（5.18）可知，由式（5.19）状态方程表示的电力系统多变量反馈最优控制律为

$$U=-KX=-K_1\Delta P_e-K_2\Delta w-K_3\Delta V_t \tag{5.20}$$

观察式（5.20）可知，最优控制量U为各状态量的最优线性组合。

5.3　基于系统阻尼比的最优励磁控制器设计

5.3.1　常规多变量反馈最优控制的局限性分析

从 5.2.2 小节对电力系统多变量反馈最优控制的设计过程可以看出，权矩阵R和Q必须首先确定，然后求解里卡蒂方程$PA+A^{\mathrm{T}}P-PBR^{-1}B^{\mathrm{T}}P+Q=0$，得到矩阵$P$，进而根据$K=R^{-1}B^{\mathrm{T}}P$得到最优反馈增益矩阵。在这个过程中，通常选$R=r=1$，当权矩阵$Q$发生变化时，最优反馈增益矩阵$K$也会相应地发生变化。目前，确定权矩阵$Q$比较简单实用的方法是经验法和试凑法，即通过选取多组不同的Q矩阵分别计算出对应的反馈增益矩阵K，然后通过电力系统仿真、现场调试等方法筛选出控制效果好的权矩阵Q和增益矩阵K。

通过上面对常规多变量反馈最优控制的分析可以看出，矩阵Q的选择具有随机性，需要经过多次的仿真实验或现场调试等来进行筛选，这样比较烦琐而且耗时，在有限的时间内不一定能得到满意的结果。

另外，矩阵Q的选择和增强系统阻尼特性之间没有明确的物理意义和联系，这对于通过增强系统阻尼来抑制电力系统低频振荡的需求而言也是不足的。

5.3.2 无阻尼机械振荡频率的不变性

本小节主要从发电机转子运动方程出发，对 PSS 的复数频率设计过程进行分析，研究得出系统无阻尼机械振荡频率在施加附加控制前后可以保持不变。

根据文献[26]和[27]，同步发电机转子运动方程也可表示为

$$T_J \frac{\mathrm{d}\Delta w}{\mathrm{d}t} = \Delta T_m - \Delta T_e - \Delta T_D \tag{5.21}$$

式中，T_J 为惯性常数，单位为 s；ΔT_m 为机械输入转矩，在小干扰分析中，一般可忽略；ΔT_e 为电磁转矩，$\Delta T_e = K_1\Delta\delta + K_2\Delta E'_q$，其中 K_1、K_2 为与系统工作点有关的常数，$K_2\Delta E'_q$ 项一般可忽略，则 $\Delta T_e \approx K_1\Delta\delta$；$\Delta T_D$ 为发电机的机械阻尼，$\Delta T_D = D\Delta w$。

考虑 $\Delta w = \frac{1}{w_0}s\Delta\delta$，进一步对式（5.21）进行拉普拉斯变化，则有

$$T_J \frac{s^2\Delta\delta}{w_0} + K_1\Delta\delta + D\frac{s\Delta\delta}{w_0} = 0 \tag{5.22}$$

整理后，可得

$$s^2 + 2\zeta_n w_n s + w_n^2 = 0 \tag{5.23}$$

根据式（5.22）和式（5.23），可得

$$\xi_n = D / 2\sqrt{w_0 T_J K_1} \tag{5.24}$$

$$w_n = \sqrt{w_0 K_1 / T_J} \tag{5.25}$$

式（5.24）中，ξ_n 为阻尼比，式（5.25）中，w_n 为无阻尼机械振荡频率。一般 D 较小，所以系统的阻尼特性不是很好，为了增强系统的阻尼，可以通过引入 PSS 来增加系统的阻尼，即增加正阻尼项，与自然阻尼项 $-D'\Delta w$ 方向一致。设通过 PSS 增加的阻尼项为 $-D_E\Delta w$，其中 D_E 为正。根据文献[26]，PSS 可以根据无阻尼的自然机械模式频率 $\mathrm{j}w_n$ 或由系统特征值分析得到的机械模式的复数频率 $\sigma + \mathrm{j}w$ 进行设计。

在 PSS 的复数频率设计法中，有以下关键步骤。

步骤 1：求出机械模式的复数频率 $\sigma + \mathrm{j}w$。在没有加入附加控制的情况下，

基于整个系统的状态方程，计算出系统的特征值，其中共轭特征根即机械模式的复数频率 $s=\sigma+\mathrm{j}w$。

步骤 2: 求出 $G_E(s)$ 的相位滞后。$G_E(s)$ 为励磁系统相位滞后环节的传递函数：

$$G_E(s)=\frac{K_2K_3K_A}{(1+T'_{d0}K_3s)(1+T_As)+K_3K_AK_6} \tag{5.26}$$

式中，T'_{d0} 为发电机暂态时间常数；T_A 为励磁功率单元的时间常数；K_A 为励磁功率单元的总增益；K_2、K_3、K_6 为与系统工作点有关的常数。

步骤 3：为 $G_E(s)$ 设计相位超前补偿。当选择 Δw 为附加励磁输入时，可用运算放大器实现相位超前补偿，其最简单的传递函数可选为下列形式：

$$G_C(s)=\left(\frac{1+sT_1}{1+sT_2}\right)^k, k=1 \text{ 或 } 2, T_1>T_2 \tag{5.27}$$

式中，T_1、T_2 为时间常数。

步骤 4: 为机械模式设计合适的阻尼幅值。设计 K_{PSS}，保证合理的阻尼比 ξ_n。在这个设计过程中，在式（5.21）右边加上 $-D_E\Delta w$，并忽略 ΔT_D，则有

$$D_E=2\xi_nw_nT_J \tag{5.28}$$

基于单机无穷大系统传递函数方框图[26]，可得

$$D_E=K_{\mathrm{PSS}}K_2\,|G_C(s)|_{s=\sigma+\mathrm{j}w}|G_E(s)|_{s=\sigma+\mathrm{j}w} \tag{5.29}$$

根据式（5.29），可得

$$\begin{aligned}K_{\mathrm{PSS}}&=\frac{D_E}{K_2\,|G_C(s)|_{s=\sigma+\mathrm{j}w}|G_E(s)|_{s=\sigma+\mathrm{j}w}}\\&=\frac{2\xi_nw_nT_J}{K_2\,|G_C(s)|_{s=\sigma+\mathrm{j}w}|G_E(s)|_{s=\sigma+\mathrm{j}w}}\end{aligned} \tag{5.30}$$

通过以上步骤完成 PSS 的复数频率设计，将其作为附加励磁控制加入系统之后，通过分析不难发现，式（5.22）将变为

$$T_J\frac{s^2\Delta\delta}{w_0}+K_1\Delta\delta+D\frac{s\Delta\delta}{w_0}+D_E\frac{s\Delta\delta}{w_0}=0 \tag{5.31}$$

化简后，可得

$$T_Js^2+(D+D_E)s+K_1w_0=0 \tag{5.32}$$

对应于式（5.32），可得

$$\xi_n' = (D + D_E) / 2\sqrt{w_0 T_J K_1} \tag{5.33}$$

$$w_n' = \sqrt{w_0 K_1 / T_J} \tag{5.34}$$

结论：对比式（5.24）和式（5.33），可以看出，系统的阻尼比增加了；对比式（5.25）和式（5.34）可知，系统的无阻尼机械振荡频率保持不变。

5.3.3 基于系统阻尼比的最优励磁控制算法

从 5.3.2 小节对无阻尼机械振荡频率的不变性的研究可以看出，通过附加励磁控制可以使系统的阻尼比 ξ_n 增加，同时系统的无阻尼机械振荡频率 w_n 可以保持不变；另外，从对电力系统多变量反馈最优控制的研究可以知道，如果确定了阻尼比 ξ_n，那么加入最优控制器后的闭环系统期望特征根便可以得到，则进一步可以得到闭环系统的期望特征多项式，通过比较系统的期望特征多项式和加入多变量反馈最优控制器后的特征多项式，则基于系统阻尼比的反馈增益矩阵 K_D 便可以解出。这就是本章提出的基于系统阻尼比的最优励磁控制的基本思想。

下面以单机无穷大电力系统为例设计基于系统阻尼比的最优励磁控制器，具体算法可以通过以下步骤描述。

步骤 1：根据电力系统的具体参数及潮流计算的结果，基于 4.5.1 小节的模型求解算法，求解系统的状态空间实用数学模型，设状态方程为 $\dot{X} = AX + BU$，其中 A 为 3×3 阶，B 为 3×1 阶。

步骤 2：求解未加入控制器情况下系统的无阻尼机械振荡频率 w_n。对于步骤 1 得到的状态方程 $\dot{X} = AX + BU$，求解系统的特征根，设为 $\sigma \pm \mathrm{j}w$，则系统的无阻尼机械振荡频率 $w_n = \sqrt{w^2 + \sigma^2}$。

步骤 3：确定合适的阻尼比 ξ_n。电力系统振荡次数与阻尼比的关系见表 5.1[27]。

表 5.1　电力系统振荡次数与阻尼比

振荡次数	1	3	5	7	10	15	20
ζ_n	0.477	0.159	0.095	0.068	0.048	0.032	0.024

如果要求电力系统在受到干扰后振荡次数不超过 7 次，即要求阻尼比不低于 0.068。

步骤 4：在确定了期望的 ζ_n 后，结合步骤 2 求出的无阻尼机械振荡频率 w_n，则期望的机械模式特征根为 $-\zeta_n w_n \pm w_n\sqrt{1-\zeta_n^2}\mathrm{i}$。在确定了一个共轭特征根后，对于三阶状态方程，还有一个特征实根，一般可取实数极点 $s=-3\zeta_n w_n$，这样可使单位阶跃响应的超调量不致过大，调节时间也不是太长。

步骤 5：求解期望的闭环特征多项式。基于步骤 4，期望的闭环特征多项式为 $f_1(\lambda)=\left(\lambda+\zeta_n w_n - w_n\sqrt{1-\zeta_n^2}\mathrm{i}\right)\left(\lambda+\zeta_n w_n + w_n\sqrt{1-\zeta_n^2}\mathrm{i}\right)(\lambda+3\zeta_n w_n)$。

步骤 6：设加入基于系统阻尼比的最优励磁控制器后闭环系统的状态方程为 $\dot{X}=(A-BK_D)X+BU$，则对应的闭环系统特征多项式为 $f_2(\lambda)=\det[\lambda I-(A-BK_D)]$。

步骤 7：令 $f_1(\lambda)=f_2(\lambda)$，比较对应项的系数，即可求得基于系统阻尼比的最优反馈增益矩阵 K_D，因而可求得控制律为

$$U=-K_D X=-K_{D1}\Delta P_e - K_{D2}\Delta w - K_{D3}\Delta V_t \tag{5.35}$$

以上为基于系统阻尼比的最优励磁控制算法的设计步骤。

对于多机电力系统的情况，可将多机系统分解为多个单机无穷大电力系统，针对各个单机无穷大电力系统分别设计基于子系统阻尼比的最优励磁控制器，设各个子系统的控制量为 $U_i=-K_{Di}X_i=-K_{D1i}\Delta P_{ei}-K_{D2i}\Delta w_i - K_{D3i}\Delta V_{ti}$，观察 U_i 的表达式，不难看出，各个子系统的控制量均由本地机组的状态量求得，而与远方其他机组的状态量或输出量无关，因而属于分散型的控制。

5.3.4　控制器的结构设计

本小节中介绍基于系统阻尼比的最优励磁控制器的结构设计。根据式（5.19）可知，$U=\Delta E_{fd}$，结合式（5.35），可得发电机的实际励磁电压为

$$V_f = V_{\mathrm{ref}} - \Delta E_{fd} = V_{\mathrm{ref}} + K_{D1}\Delta P_e + K_{D2}\Delta w + K_{D3}\Delta V_t$$

注意到 $\Delta P_e = P_{e\_\mathrm{ref}} - P_{e\_\mathrm{actual}}$，$\Delta w = \mathrm{d}w$，$\Delta V_t = V_{t\_\mathrm{ref}} - V_{t\_\mathrm{actual}}$，控制器的结构设计如图 5.1 所示，其中测量单元的传递函数为 $\dfrac{1}{0.02s+1}$[28]。

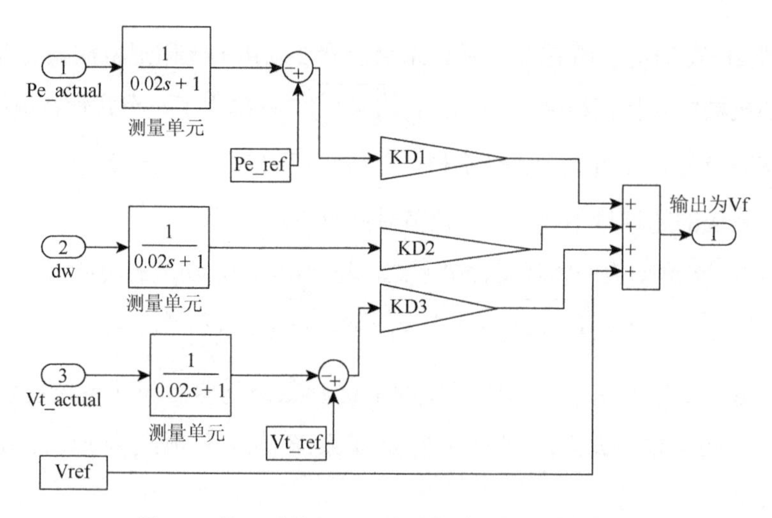

图 5.1　基于系统阻尼比的最优励磁控制器结构图

5.4　仿真研究

5.3.3 小节提出了基于系统阻尼比的最优励磁控制算法，并给出了算法实现的具体步骤，在 5.3.4 小节中，对控制器的结构进行设计。在本节中，将分别对单机无穷大电力系统和多机电力系统设计基于系统阻尼比的最优励磁控制器，并利用 MATLAB 中的 Simulink 作为仿真平台进行电力系统仿真研究，仿真平台采用了 SimPowerSystems 工具箱，并对仿真结果进行分析。

例 5.1　以 4.5.2 小节中的电网为例，该地区可视为一单机无穷大电力系统的情况。发电机及电网参数：$X_d = 1.283935$ p.u.、$X_d' = 0.151265$ p.u.、$X_q = 1.083935$ p.u.、$T_{d0} = 0.756$ s、$D = 0$、$H_j = 8.4$ s、$X_T = 0.16$ p.u.、$X_L = 0.35$ p.u.、$w_0 = 314$ rad/s。

稳定运行点：$V_{t0} = 1.0$p.u.，$P_0 = 0.8649$p.u.。

在 4.5.2 小节中，已求得该地区电力系统的三阶状态方程数学模型为

$$\begin{bmatrix} \Delta\dot{P}_e \\ \Delta\dot{w} \\ \Delta\dot{V}_t \end{bmatrix} = \begin{bmatrix} -0.6427 & 0.8293 & -3.2796 \\ -37.3810 & 0 & 0 \\ -0.5756 & -0.2246 & -2.9372 \end{bmatrix} \begin{bmatrix} \Delta P_e \\ \Delta w \\ \Delta V_t \end{bmatrix} + \begin{bmatrix} 1.0799 \\ 0 \\ 0.9671 \end{bmatrix} \Delta E_{fd}$$

在设计常规多变量反馈最优控制时，取权矩阵 $R = 1$，$Q = \mathrm{diag}[10 \quad 5 \quad 6000]$，利用里卡蒂方程求出矩阵 P，得到

$$P=\begin{bmatrix} 149.2642 & 0.1142 & -165.885 \\ 0.1142 & 4.3998 & -2.7482 \\ -165.885 & -2.7482 & 262.2364 \end{bmatrix}$$

从而求得最优反馈增益矩阵

$$K=[0.7533 \quad -2.5346 \quad 74.4821]$$

用本章提出的基于系统阻尼比的最优励磁控制算法设计控制器时，经过计算可以得出，系统在未加入控制器时对应的特征值为 $0.0845\pm5.6238\mathrm{i}$，$-3.7489$，则无阻尼机械振荡频率 $w_n=5.6244$。

取 $\zeta_n=0.477$，则系统受到扰动后能够尽快地恢复到稳定值。这时可以确定闭环系统期望的特征根为 $-2.6435\pm4.9645\mathrm{i}$，$-7.9304$。根据 5.3.3 小节基于系统阻尼比的最优励磁控制算法，最终可得到

$$K_D=[5.8904 \quad -1.0543 \quad 3.3875]$$

因而基于系统阻尼比的最优控制律为

$$U=-K_DX=-5.8904\Delta P_e+1.0543\Delta w-3.3875\Delta V_t$$

对上述求出的基于系统阻尼比的最优励磁控制器在大小扰动下的控制性能进行分析并与常规多变量反馈最优控制和 PSS 进行比较。

仿真中选取如下扰动。

（1）90s 时出现输入发电机的机械功率上升 5%的小扰动，0.5s 后扰动被切除。

（2）90s 时变压器高压侧线路中间出现三相接地故障的大扰动，0.3s 后故障被切除。

以下仿真实验对发电机转子角速度和选定线路的有功功率进行观测[29, 30]。

如图 5.2 所示，在输入发电机的机械功率出现小扰动的情况下，转子角速度和故障线路的有功功率均出现了频率为 0.2Hz 左右的低频振荡。采用 PSS 和 OEC 方法，需经历 13 次以上的振荡才平息下来，持续时间超过 60s，而采用本章提出的 DOEC 方法，系统在故障后经过 1 次振荡即平息下来，经历时间约为 10s，如图 5.2（a）所示。采用 OEC 方法和 PSS 方法，示波器所观测线路的有功功率持续振荡约 60s 才平息下来，而采用 DOEC 方法，有功功率仅用了约 9s 便很快恢复稳定，如图 5.2（b）所示。

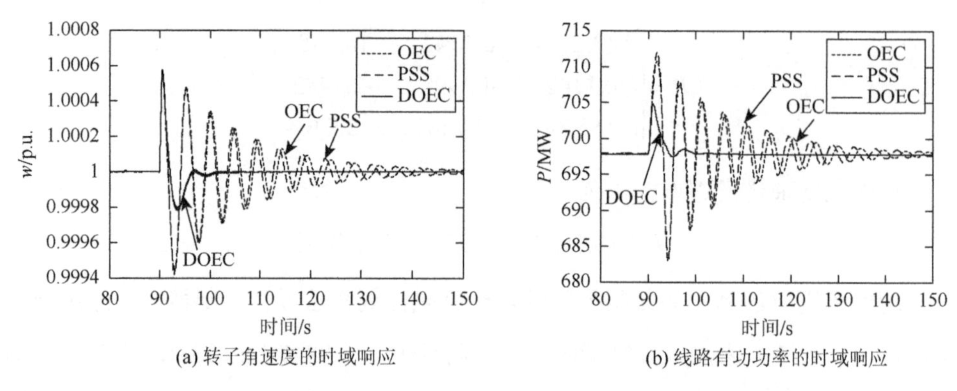

(a) 转子角速度的时域响应　　(b) 线路有功功率的时域响应

图 5.2　单机无穷大电力系统在扰动（1）下的系统响应

如图 5.3 所示，在线路中间出现三相接地故障的大扰动情况下，转子角速度和故障线路的有功功率均出现了频率约为 0.2Hz 的低频振荡。三种控制方法均对转子角速度的低频振荡起到了一定的抑制作用，其中采用 PSS 方法和 OEC 方法，系统经过 10 次以上的振荡才平息下来，持续时间约为 57s，而采用本章提出的 DOEC 方法，系统在故障后经过 1 次振荡即平息下来，经历时间约为 10s，如图 5.3（a）所示。采用 OEC 方法和 PSS 方法使故障线路的有功功率经历约 30s 才平息下来，而采用 DOEC 方法，使故障线路的有功功率仅用了约 3s 即恢复稳定，如图 5.3（b）所示。

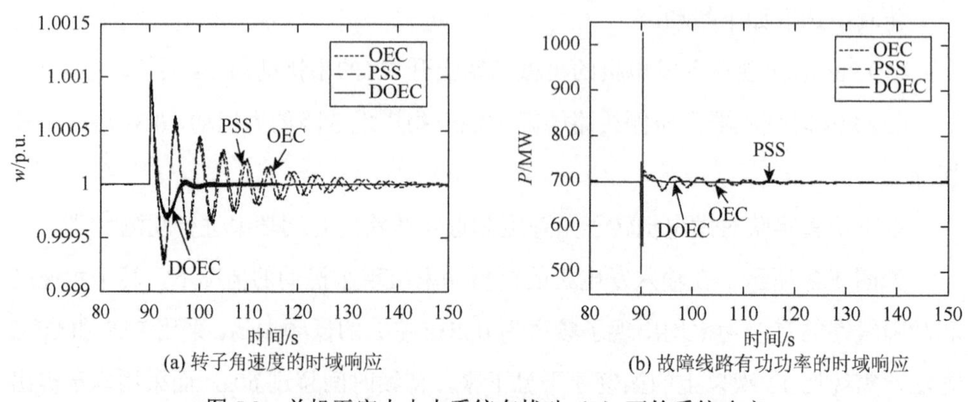

(a) 转子角速度的时域响应　　(b) 故障线路有功功率的时域响应

图 5.3　单机无穷大电力系统在扰动（2）下的系统响应

例 5.2　以某地区电网为研究对象，区域内有电厂 1、电厂 2、电厂 3，属于多机电力系统的情况。在建立电力系统仿真模型时，将每个电厂用一台发电机模拟，具体参数如下所示。

电厂 1（G1）的发电机及电网参数如表 5.2 所示。

表 5.2　电厂 1（G1）的发电机及电网参数

参数	数值
X_d	1.283935p.u.
X'_d	0.151265p.u.
X_q	1.083935p.u.
T_{d0}	0.756s
D	0
H_j	8.4s
X_T	0.16p.u.
X_L	0.35p.u.
w_0	314rad/s

电厂 2（G2）的发电机及电网参数如表 5.3 所示。

表 5.3　电厂 2（G2）的发电机及电网参数

参数	数值
X_d	1.283935p.u.
X'_d	0.341265p.u.
X_q	1.283935p.u.
T_{d0}	0.756s
D	0
H_j	8.4s
X_T	0.18p.u.
X_L	0.28p.u.
w_0	314rad/s

电厂 3（G3）的发电机及电网参数如表 5.4 所示。

表 5.4 电厂 3（G3）的发电机及电网参数

参数	数值
X_d	1.5201p.u.
X'_d	0.1577p.u.
X_q	1.5201p.u.
T_{d0}	0.756s
D	0
H_j	5.8s
X_T	0.1625p.u.
X_L	0.31p.u.
w_0	314rad/s

稳定运行点如下所示。

G1：$V_{t01} = 1.0\text{p.u.}$，$P_{01} = 0.6424\text{p.u.}$。

G2：$V_{t02} = 1.0\text{p.u.}$，$P_{02} = 0.2787\text{p.u.}$。

G3：$V_{t03} = 1.0\text{p.u.}$，$P_{03} = 0.904\text{p.u.}$。

在建立电力系统数学模型时，将该地区电网分解为三个单机无穷大子系统，分别建立各个子系统的数学模型。用本章提出的基于系统阻尼比的最优励磁控制算法设计控制器时，取$\zeta_n = 0.477$，根据 5.3.3 小节基于系统阻尼比的最优励磁控制算法，最终可得到各系统的最优励磁控制律为

G1：$U_1 = -K_{D1}X_1 = -6.3154\Delta P_{e1} + 1.1276\Delta w_1 - 3.2908\Delta V_{t1}$。

G2：$U_2 = -K_{D2}X_2 = -10.9252\Delta P_{e2} + 1.8966\Delta w_2 - 4.9025\Delta V_{t2}$。

G3：$U_3 = -K_{D3}X_3 = -5.351\Delta P_{e3} + 1.3173\Delta w_3 - 10.3692\Delta V_{t3}$。

对上述求出的基于系统阻尼比的最优励磁控制器在大小扰动下的控制性能进行分析并与常规多变量反馈最优控制和 PSS 进行比较。

仿真中选取如下扰动。

（1）90s 时出现输入发电机 G1 的机械功率上升 5%的小扰动，0.5s 后扰动消除。

（2）90s 时变压器高压侧线路中间出现三相接地故障的大扰动，0.1s 后故障消除。

在小扰动的情况下，对选定线路的有功功率进行观测；在大扰动的情况下，对转子角速度和选定线路的有功功率进行观测。

在发电机 G1 输入的机械功率出现小扰动的情况下，转子角速度的振荡幅度非常小，观测线路的有功功率出现了低频振荡，此处给出了线路有功功率的时域响应曲线，如图 5.4 所示。从图 5.4 可以看出，DOEC 方法和 PSS 方法的控制效果相当，比 OEC 方法的控制效果要好。

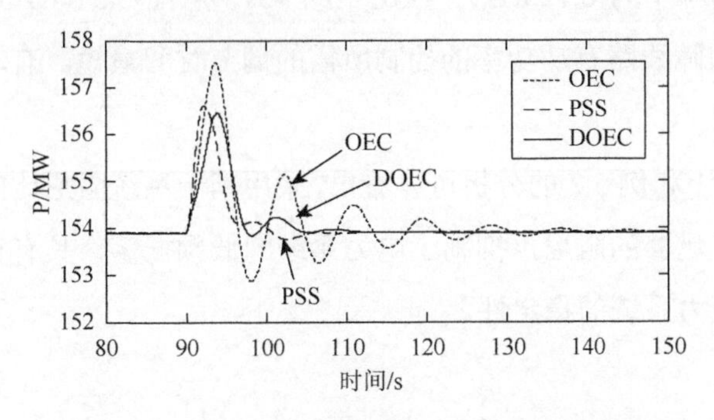

图 5.4　多机电力系统在扰动（1）下的系统响应

如图 5.5 所示，在线路中间出现三相接地故障的大扰动情况下，DOEC 方法对各发电机的转子角速度有更好的控制效果。例如，在图 5.5（a）中，采用 DOEC 方法，转子角速度的超调量最小，系统经历 1 次振荡即稳定下来，故障后系统稳定下来的时间为 13s 左右。采用 PSS 控制系统经历了 3 次振荡（振荡频率为 0.170Hz），故障后经过了 20s 稳定下来，采用 OEC 方法，系统经过了 5 次振荡才

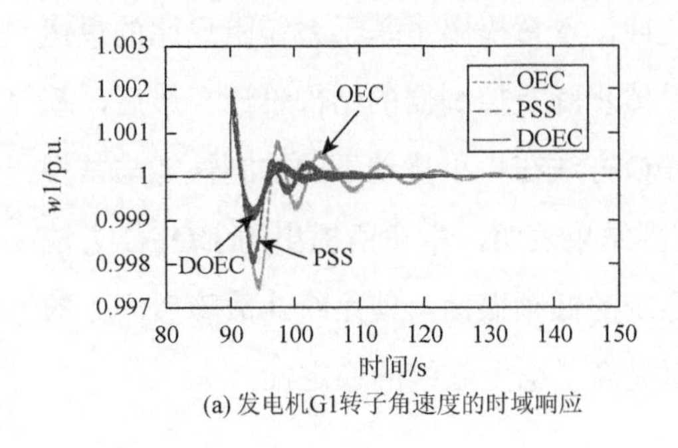

(a) 发电机G1转子角速度的时域响应

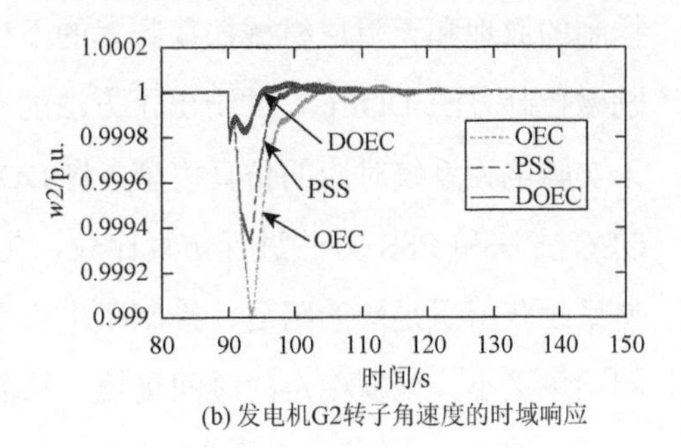

(b) 发电机G2转子角速度的时域响应

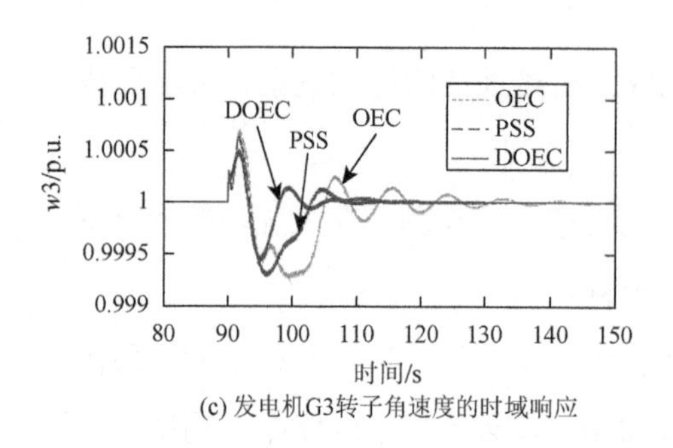

(c) 发电机G3转子角速度的时域响应

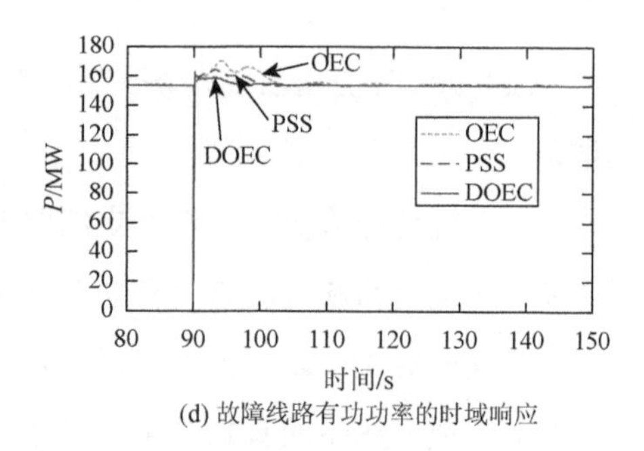

(d) 故障线路有功功率的时域响应

图 5.5　多机电力系统在扰动（2）下的系统响应

稳定下来（振荡频率为 0.125Hz），经历了约 43s。从图 5.5（d）可以看出，采用 DOEC 方法对故障线路有功功率的控制所需的调节时间最短，有功功率的超调量最小。

综合对例 5.1 和例 5.2 的分析可以看出，采用基于系统阻尼比的最优励磁控制器使系统获得了足够的阻尼，抑制了电力系统的低频振荡，具有很好的故障应对能力，提高了电力系统的稳定性。

5.5　本 章 小 结

本章首先对相关研究基础进行了论述，具体对最优控制的基本概念、状态量反馈最优控制系统的设计原理及电力系统多变量反馈最优控制进行了分析。通过对常规多变量反馈最优控制的分析，说明其在权矩阵的选择方面存在的问题，另外，基于对 PSS 的复数频率设计过程的研究，论证了在提高电力系统阻尼比的情况下，系统的无阻尼机械振荡频率可以保持不变。根据电力系统多变量反馈最优控制的原理和无阻尼机械振荡频率的不变性，本章提出了基于系统阻尼比的最优励磁控制方法 DOEC，并给出了方法的具体步骤及控制器的结构设计。最后，基于实际电力系统对应的仿真模型，将 DOEC 方法在大小扰动下的控制性能与常规 OEC 方法和 PSS 方法进行仿真比较，仿真结果表明，本章所提出的 DOEC 方法使系统获得了足够的阻尼，抑制了电力系统的低频振荡，使系统在故障后产生的超调量更小，恢复稳定的时间更短，从而提高了电力系统的稳定性。

参考文献

[1] Ajami A，Asadzadeh H. Damping of power system oscillations using UPFC based multipoint tuning AIPSO-SA algorithm. Gazi University Journal of Science，2011，24（4）：791-804.

[2] Rigatos G，Siano P. Design of robust electric power system stabilizers using Kharitonov's theorem. Mathematics and Computers in Simulation，2011，82（1）：181-191.

[3] Nandar C S A. Power oscillation damping control using robust coordinated smart devices. Telkomnika，2011，9（1）：65-72.

[4] Pal A，Thorp J S，Veda S S，et al. Applying a robust control technique to damp low frequency oscillations in the WECC. International Journal of Electrical Power and Energy Systems，2013，44（1）：638-645.

[5] Shojaeian S，Soltani J，Markadeh G A. Damping of low frequency oscillations of multi-machine multi-UPFC power systems，based on adaptive input-output feedback linearization control. IEEE Transactions on Power Systems，2012，27（4）：1831-1840.

[6] Rezaei N，Shayanfar H A，Kalantar M. Robust low frequency power system oscillation damping using an IPFC based multi-objective particle swarm optimizer. International Review of Electrical Engineering（IREE），2012，7（3）：4538-4547.

[7] Ma J，Peng M F，Wang T. Low frequency oscillation eigenvalue analysis of uncertain system based on perturbation method. 2012 IEEE Power and Energy Society General Meeting，San Diego，2012：1-5.

[8] Gao H L，Wang B W，Qi H，et al. The design of damping linear optimal excitation controller for power systems. International Journal of Digital Content Technology and its Applications，2012，6（17）：67-75.

[9] Du W J，Bi J T，Wang H F. Damping degradation of power system low-frequency electromechanical oscillations caused by open-loop modal resonance. IEEE Transactions on Power Systems，2018，33（5）：5072-5081.

[10] Kahouli O，Jebali M，Alshammari B，et al. PSS design for damping low-frequency oscillations in a multi-machine power system with penetration of renewable power generations. IET Renewable Power Generation，2019，13（1）：116-127.

[11] Nahak N，Mallick R K. Investigation and damping of low-frequency oscillations of stochastic solar penetrated power system by optimal dual UPFC. IET Renewable Power Generation，2019，13（3）：376-388.

[12] Darabian M，Jalilvand A. PSSs and SVC damping controllers design to mitigate low frequency oscillations problem in a multi-machine power system. Journal of Electrical Engineering and Technology，2014，9（6）：1873-1881.

[13] Sun M P，Nian X H，Dai L Q，et al. The design of delay-dependent wide-area DOFC with prescribed degree of stability alpha for damping inter-area low-frequency oscillations in power system. ISA Transactions，2017，68：82-89.

[14] Hui L，Liu S Q，Ji H T，et al. Damping control strategies of inter-area low-frequency oscillation for DFIG-based wind farms integrated into a power system. International Journal of Electrical Power and Energy Systems，2014，

61：279-287.

[15] Farhang P，Mazlumi K. Low-frequency power system oscillation damping using HBA-based coordinated design of IPFC and PSS output feedback controllers. Transactions of the Institute of Measurement and Control，2014，36（2）：184-195.

[16] 高磊，蒋平，李海峰，等. 基于进化策略并考虑宽频段补偿的 PSS 参数优化. 继电器，2007，35（4）：27-31.

[17] 牛振勇，杜正春，方万良，等. 基于进化策略的多机系统 PSS 参数优化. 中国电机工程学报，2004，24（2）：22-27.

[18] 刘明锦. 基于线性最优控制理论的励磁系统的设计及仿真. 电气开关，2010，1：52-55.

[19] Zhang X Y，Cheng Z Z，Dang C L. Research on excitation controller based on linear quadratic optimal control. Proceedings of 2011 International Conference on Electronic Engineering，Communication and Management，Berlin，2012：211-216.

[20] Mao C X，Malik O P，Hope G S，et al. An adaptive generator excitation controller based on linear optimal control. IEEE Transactions on Energy Conversion，1990，5（4）：673-678.

[21] Subramaniam P，Berg G J. Optimal excitation control of non-linear power systems. Canadian Electrical Engineering Journal，1979，4（2）：21-25.

[22] Ghandakly A A，Idowu P. Design of a robust linear optimal regulator for synchronous generator excitation control. Electric Machines and Power Systems，1989，16（5）：319-330.

[23] 张洪钺，王青. 最优控制理论与应用. 北京：高等教育出版社，2006.

[24] 王朝珠，秦化淑. 最优控制理论. 北京：科学出版社，2003.

[25] 解学书. 最优控制理论与应用. 北京：清华大学出版社，1986.

[26] 余耀南. 动态电力系统. 北京：水利电力出版社，1985.

[27] 方思立，朱方. 电力系统稳定器的原理及其应用. 北京：中国电力出版社，1996.

[28] 张立峰，金秀章，田沛. 基于模糊自调整 PID 技术的励磁控制器研究. 华北电力大学学报，2006，33（4）：20-22.

[29] Yu W S. Design of a power system stabilizer using decentralized adaptive model following tracking control approach. International Journal of Numerical Modelling：Electronic Networks，Devices and Fields，2010，23（2）：63-87.

[30] Taher S A，Akbari S，Abdolalipour A，et al. Robust decentralized controller design for UPFC using μ-synthesis. Communications in Nonlinear Science and Numerical Simulation，2010，15（8）：2149-2161.

第 6 章　基于 Mamdani 模糊推理的智能励磁控制

6.1　概　　述

电力系统是典型的非线性时变复杂大系统，建立其精确的数学模型是一个比较复杂的过程，这也给基于数学模型的励磁控制器的设计增加了难度。而智能控制技术具有自学习、自组织能力，能处理大规模的并行计算，其自适应性好、鲁棒性强的特点，适合于处理被控对象的不确定性、非线性和时滞、耦合等复杂因素[1-6]，因而将智能控制技术应用到对电力系统的控制是很有价值的一个研究方向。

对于那些非线性复杂系统，当无法获得精确数学模型时，传统的控制理论对于过于复杂或难以精确描述的系统就显得无能为力了。例如，在人文系统、经济系统、电力系统、化工、炼钢以及医学心理系统中，要得到精确的数学模型是比较复杂和困难的，有时甚至是不可能的。对于这些系统却具有大量的以定性形式表示的极其重要的先验信息，以及仅仅用语言规定的性能指标。同时，操作人员都可以认为是系统的组成部分。这些都是一种不精确性，采用常规的控制理论很难实现控制，而这类系统由人来控制却往往容易做到。这是因为操作人员的控制方法建立在经验的基础上，他们通过长期实践积累的重要经验，采取适当的对策便可有效地完成控制任务。所以，只要将操作人员的控制经验归纳为模糊控制规则，再用模糊集合理论将其定量化，从而使控制器具有模糊推理能力，这样就得到了具有智能的模糊控制器，从而能够实现对那些时变的、非线性的复杂系统的控制。随着计算机技术的迅速发展，利用智能的模糊控制实现对复杂系统的控制已受到广泛的重视[7-18]。

文献[7]研究了一种球杆系统的平衡控制，基于 T-S 模糊建模构建了一种严格反馈形式的球杆系统动力模型，并利用自适应动态面控制实现了在参数不确定情况下对球位置定位的目的，仿真和实验结果表明了所设计的控制策略具有比常规动态面控制更好的性能。文献[8]针对一类单输入单输出非线性系统设计了一种新的间接自适应模糊输出反馈控制方法，该方法不需要可用的状态变量，而是通过所设计的状态观测器进行估计得到非线性系统的未知状态。文献[8]中自适应模糊输出反馈控制器的设计结合了模糊系统和滑模控制技术。该方法在倒立摆系统中得到了应用，同时也得到了良好的仿真结果。文献[9]设计了一种自适应控制器，该控制器通过对静止同步串联补偿器的输出进行控制以实现对电力系统振荡的阻尼作用。该控制器由递归最小二乘辨识器和一个模糊控制器构成，基于辨识器参数实现了自适应调整。文献[9]中基于单机无穷大系统对所设计的控制器进行了仿真研究，所得结果表明采用所设计的控制器提高了系统的阻尼特性。文献[10]在感应加热系统中为功率控制设计了一种模糊自调整 PID 控制器，其目的是通过模糊逻辑来调节 PID 控制器以设计一个稳定优良的控制系统，仿真结果表明所设计的模糊 PID 控制器是有效的。文献[11]为了提高电力系统的暂态稳定性，进行了模糊逻辑控制器和基于静止无功补偿器的超前滞后控制器的优化设计。仿真结果表明，基于静止无功补偿器的附加控制器的设计对于抑制功率振荡起到了关键作用。对比研究表明，模糊逻辑控制器有效地抑制了电力系统的振荡，而且其性能比超前滞后控制器和不带有附加控制的常规静止无功补偿器都要好得多。文献[12]针对带有静止同步补偿器和随机负荷变化的电力系统，通过 T-S 模糊方法设计了一种电力系统稳定器。文献[12]中电力系统随机稳定的充分条件表达为线性矩阵不等式的形式，通过求解线性矩阵不等式得到稳定器的增益。通过在带有随机负荷变化和静止同步补偿器的单机和多机电力系统中的仿真研究，表明了所设计的稳定器比常规稳定器更加有效。文献[13]提出了一种基于模糊逻辑和线性矩阵不等式的电力系统稳定器设计方法以抑制系统振荡。该设计保证了在不同负荷条件下将极点配置在复平面上的理想区域。考虑系统的非线性和负荷依赖性，该方法将运行状态的整个范围划分为 3 个子区域，T-S 模糊模型用于保证 3 个子区域的 LMI 控制器之间的平滑切换。单机和多机电力系统中的仿真结果表明了所设计电力系统稳定器的有效性。文献[14]对于互联多区域电力系统的负荷频率控制，设计了一种优化的混合模糊逻辑智能PID控制器，模糊逻辑智能PID控制器的可调参数通过粒子群优化方法进行优化。仿真结果表明，基于优化算法设计的控制器在负荷状态、系统参数和负荷模式等发生变化的情况下表现出了良好的鲁棒性和控制效果。文献[15]对于电力系统重组中的负荷频率控制，提出了一种采用多输入多输出2型模糊逻辑系统的增益调度技术，所使用的2型模糊逻辑系统对在规则和测量数据中存在的不确定性具有建模能力。文献[16]采用人工蜂群算法设计了一种新的模糊逻辑控制器，研究结果表明，通过在风力发电场中使用该控制器，能有效地通过惯性控制、一次调频和二次调频控制实现对系统频率的控制。文献[17]提出了一种基于模糊传统控制器的输出比例因子来增强两区电力系统的自动发电控制，通过灵敏度分析表明该方法在系统参数大范围变化和阶跃负荷扰动的情况下均具有较好的鲁棒性。文献[18]研究了风力发电和微电网发电的加入对电力系统频率控制的影响。文献[18]中通过一种改进的分层协调控制实现对整个系统的优化控制，在分层控制系统的第一层，每一个区域实现了优化，系统的第二层通过调节区域间的交互作用以实现整体优化，通过一个模糊控制器对控制器参数进行自适应调整，从而使系统在不同运行条件下达到最优性能。

在本章中主要对基于模糊推理技术的智能励磁控制器的设计进行研究，并分析其对系统故障后低频振荡的抑制作用。本章首先分析PID励磁控制的基本原理，然后结合模糊PID控制器的组成原理，提出基于Mamdani模糊推理的智能控制器MFPID设计方案。进一步地，结合PSS控制器的优点，提出结合PSS和MFPID的分段切换控制器MFPID-PSS设计方案。

本章的组织结构如下：6.1节为概述；6.2节为PID励磁控制原理；6.3节为模糊PID励磁控制器的组成原理；6.4节为MFPID的设计；6.5节为MFPID-PSS分段切换控制策略；6.6节为仿真研究；6.7节为本章小结。

6.2　PID励磁控制原理

PID控制器是在按电压偏差成比例调节的基础上，再加入按偏差的积分、微分调节的控制器。加入积分环节可消除静差；微分作用主要是减少超调，改善系统的动态特性。合理整定比例、积分、微分环节的放大倍数，可使系统获得较为满意的静态和动态特性。采用 PID 控制方式的励磁系统结构图如图 6.1 所示[19]。

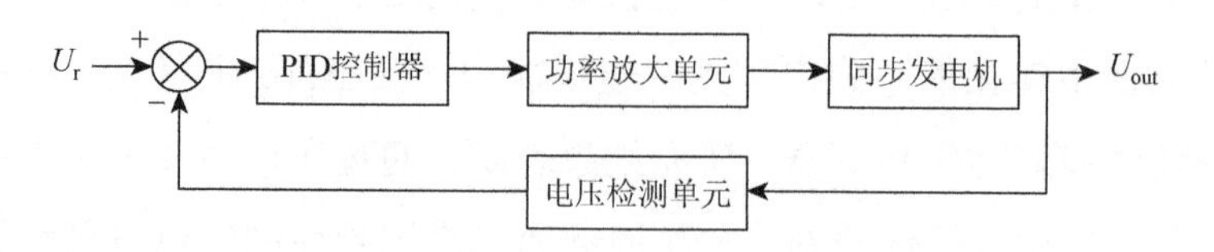

图 6.1 采用 PID 控制方式的励磁系统结构图

图 6.1 中，U_r 为参考电压，U_{out} 为发电机机端电压，U_{out} 通过电压检测单元后得到滤去高频干扰后的机端电压反馈量。PID 控制器的作用是控制功率单元执行使同步发电机输出稳定的电压，从而使得与机端电压相联系的电力系统其他指标（如发电机转速、有功功率等）获得稳定的输出，对系统故障后的低频振荡能起到一定的抑制作用；功率放大单元主要是实现 PID 控制器输出的小控制信号和励磁功率器件的输出之间的功率转换作用；电压检测单元通过电压互感器测得经过整流和滤波后的发电机机端电压，完成同步发电机输出电压到数字控制器输入信号的转化。

6.3 模糊 PID 励磁控制器的组成原理

PID 控制方法作为一种传统的控制方法以其计算量小、实时性好、易于实现等特点广泛地应用于工业控制中。当对被控对象实施控制时，只要正确设定参数 K_p、K_i 和 K_d，便可实现其控制作用，但是它存在着参数修改不方便、不能进行自调整等不足[20-25]。而工业对象尤其是电力系统普遍存在着非线性、时变性、易受扰动等不确定性因素，此时 PID 控制效果常常难以达到预期的目标。

而模糊控制作为智能控制的重要研究内容，它不依赖于工业对象的数学模型，不是用数值变量而是用模糊语言变量来描述系统，并依据系统的动态信息和模糊控制规则来进行推理进而获得合适的控制量，因而具有较强的鲁棒性，但控制精度却不太理想。

在电力系统控制中，如果能实现 PID 控制器参数的在线自调整，那么就进一步完善了 PID 控制器的性能。研究表明，将模糊控制和 PID 控制相结合是提高系统控制性能的有效方法[26-30]。电力系统属于大规模非线性、时变系统，各种扰动时刻存在，难以建立其精确的数学模型，针对这些特点，本节提出一种基于同步发电机机端电压偏差的模糊 PID 励磁控制器设计方法，该方法通过模糊逻辑实现对 PID 控制器参数的在线自调整。

模糊 PID 励磁控制系统主要由参数可调 PID 控制器和模糊逻辑单元两部分构成，其系统结构如图 6.2 所示。

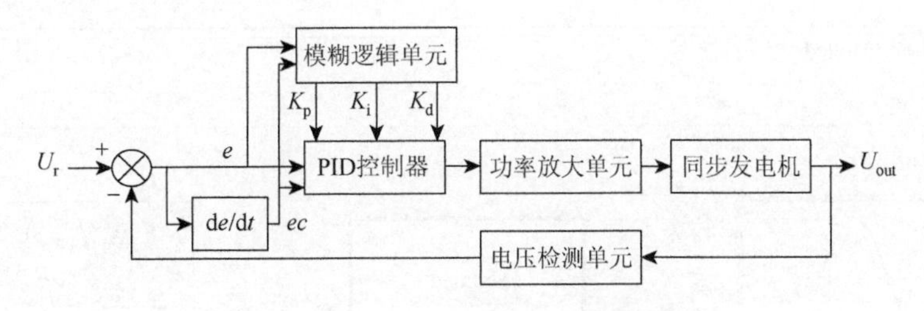

图 6.2　模糊 PID 励磁控制系统结构

在图 6.2 中，U_r 为参考电压；U_{out} 为发电机机端电压，通过电压检测单元后得到滤去高频干扰后的机端电压反馈量；e 为机端电压偏差；ec 为偏差变化率，且 $ec = \mathrm{d}e / \mathrm{d}t$。模糊逻辑单元以机端电压偏差 e 和偏差变化率 ec 作为输入，通过专家经验形成模糊推理规则库来推理输出 PID 参数 K_{p_fuzzy}、K_{i_fuzzy}、K_{d_fuzzy}，实现 PID 控制器比例、积分、微分系数的参数自调整。

6.4　MFPID 的设计

本节给出了基于 Mamdani 模型的模糊 PID 励磁控制器（Mamdani fuzzy PID，MFPID）的具体设计步骤，包括模糊逻辑单元（fuzzy logic unit，FLU）的设计和 MFPID 控制器的算法实现，其中 FLU 的设计部分研究了输入变量的模糊化、知识库的开发以及输出变量的去模糊化等内容。

6.4.1　基于 Mamdani 模型的模糊逻辑单元设计

模糊逻辑单元的设计是为了获得适合于 PID 控制器的 K_p、K_i、K_d，它是一个运行于实时闭环系统的决策单元。在本设计中，FLU 的输入信号为发电机机端电压偏差 e 以及电压偏差变化率 ec，从而产生 PID 励磁控制器期望的比例、积分、微分系数。除了对模糊逻辑单元输入变量的选择，模糊逻辑单元的设计过程还包括：输入变量的模糊化；知识库的建立；输出量的去模糊化。

在 MATLAB 中，可通过“fuzzy”命令开启模糊推理系统（fuzzy inference system，FIS）编辑器来进行 FLU 的设计，FIS 编辑器如图 6.3 所示。

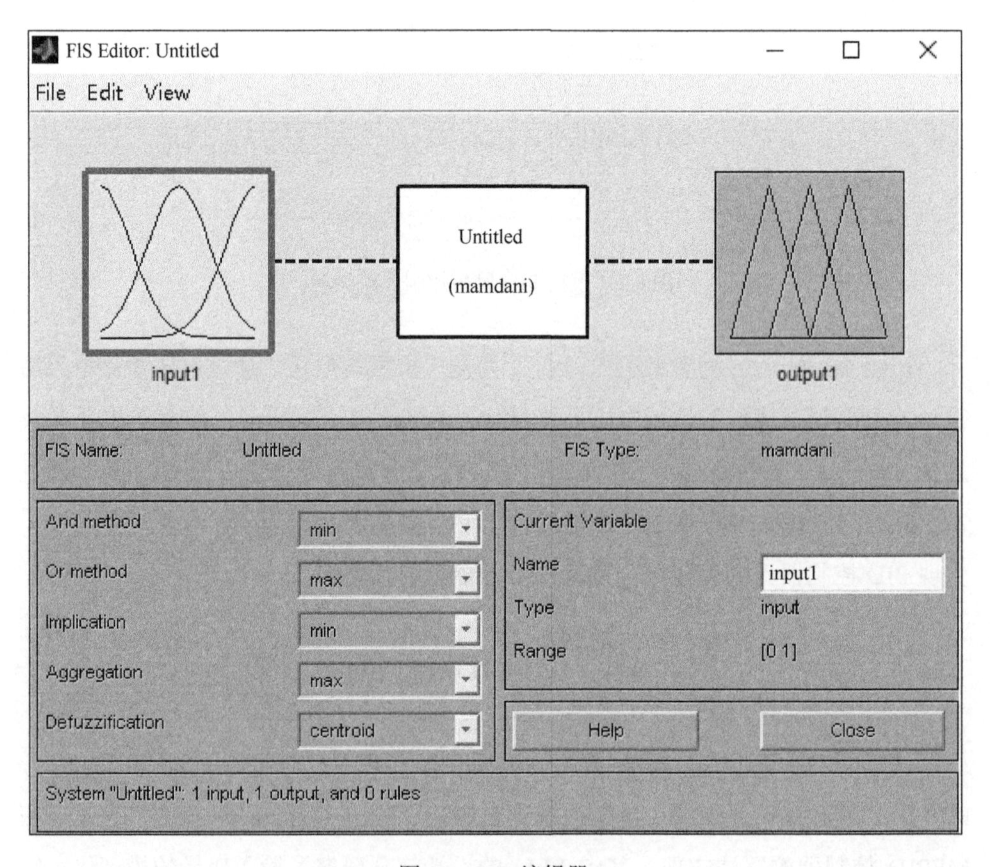

图 6.3　FIS 编辑器

1. 输入变量的模糊化

在所设计的控制器中，采用二维模糊控制，即模糊逻辑单元的输入变量为 e 和 ec，隶属函数采用无间隙均匀叠加的三角函数，因为三角形隶属函数具有简化计算、易于实现、控制性能较好的特点。机端电压偏差 e 和偏差变化率 ec 的模糊子集均定义为{NB，NM，NS，ZO，PS，PM，PB}，将偏差和偏差变化率量化到[−3, 3]的区域内。

输出变量为通过模糊逻辑单元推理得到的 PID 参数 K_{p_fuzzy}、K_{i_fuzzy}、K_{d_fuzzy}，隶属函数采用无间隙均匀叠加的三角函数。输出变量的模糊子集均定义为{ZO，PS，PM，PB}，并将其量化到[0, 3]的区域内。

输入、输出变量的隶属函数曲线分别如图 6.4 和图 6.5 所示。

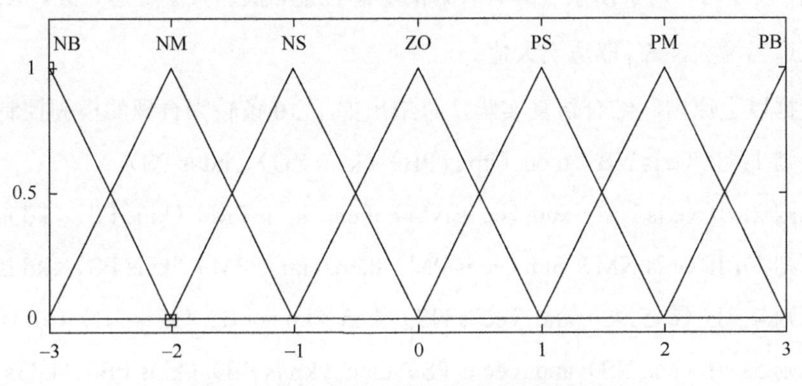

图 6.4　输入变量 e 和 ec 的隶属函数曲线

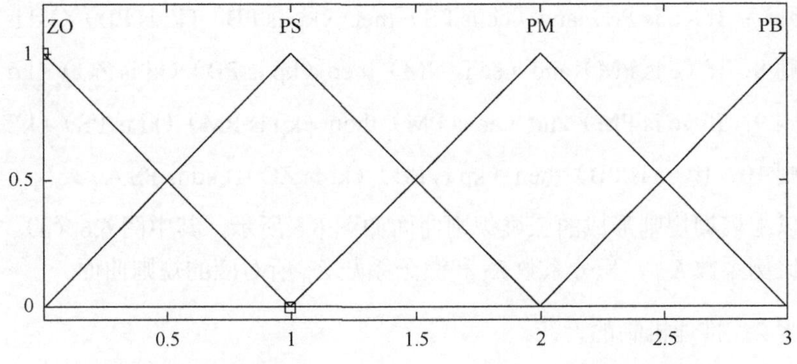

图 6.5　输出变量 K_{p_fuzzy}、K_{i_fuzzy}、K_{d_fuzzy} 的隶属函数曲线

2. 知识库的建立

知识库的建立具体包括模糊控制规则的建立和推理机制的设计两个步骤。

步骤 1：模糊控制规则的建立。

模糊控制规则的作用是修正 PID 参数，以同步发电机阶跃响应曲线作为研究分析电机控制的依据，可将 PID 参数整定规则总结如下。

当 e 较大时，为了加快系统的响应速度，尽快消除系统偏差，同时也应防止积分饱和，避免系统响应出现较大的超调量，K_p 应取较大值、K_d 应取较小值、K_i 为 0。

当 e 和 ec 为中等大小时，为了使系统响应的超调量减小和保证一定的响应速度，K_p 应适当减小、K_d 应取较小值、K_i 应取较小值。

当 e 较小时，为了使系统具有较好的稳态性能，快速减小稳态误差，K_p 和 K_i 取值应适当增大，K_d 取适当大值。

根据以上原则，结合仿真实验，总结出如下 10 条较为合理的模糊控制规则。

规则 1：If（e is NB）then（kp is PB）（ki is ZO）（kd is PS）。

规则 2：If（e is NM）and（ec is NM）then（kp is PM）（ki is PS）（kd is PM）。

规则 3：If（e is NM）and（ec is PM）then（kp is PM）（ki is PS）（kd is PM）。

规则 4：If（e is NS）and（ec is NS）then（kp is PB）（ki is PB）（kd is PM）。

规则 5：If（e is NS）and（ec is PS）then（kp is PB）（ki is PB）（kd is PM）。

规则 6：If（e is PS）and（ec is NS）then（kp is PB）（ki is PB）（kd is PM）。

规则 7：If（e is PS）and（ec is PS）then（kp is PB）（ki is PB）（kd is PM）。

规则 8：If（e is PM）and（ec is NM）then（kp is PB）（ki is ZO）（kd is PS）。

规则 9：If（e is PM）and（ec is PM）then（kp is PM）（ki is PS）（kd is PS）。

规则 10：If（e is PB）then（kp is PB）（ki is ZO）（kd is PS）。

由以上模糊规则形成的三维规则曲面如图 6.6 所示，其中图 6.6（a）～（c）分别为比例系数 K_p、积分系数 K_i 和微分系数 K_d 所对应的规则曲面。

步骤 2：推理机制的设计。

模糊推理机制主要有三类[31]：纯模糊逻辑系统、Mamdani 模型和 T-S 模型。

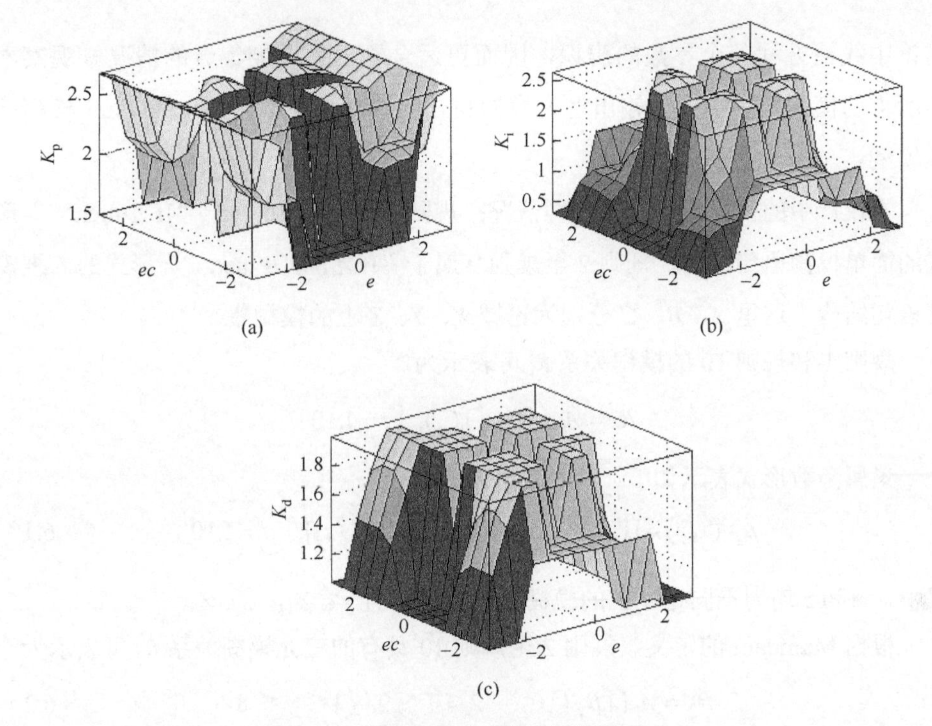

图 6.6　模糊规则对应的三维规则曲面

由于纯模糊逻辑系统的输入和输出均为模糊集合，而现实世界中大多数工程系统的输入和输出都是精确的，因此纯模糊逻辑系统不能直接应用于实际工程中。

Mamdani 推理机制是利用模糊集合理论将专家规则和操作人员的经验自动转化成控制策略，利用语言知识模型进行设计和修正控制算法。研究表明[32]，采用 Mamdani 模糊推理模型，规则制定直观，易于接受，规则的形式符合人们思维和语言表达的习惯，便于吸收手动控制中的定性知识。

Takagi 和 Sugeno 提出的 T-S 模型[33]是一种后项结论为精确值的模糊逻辑系统，即每条规则的结论部分是线性方程，表示系统局部的线性输入输出关系。采用 T-S 模型方便使用传统的控制策略设计相关的控制器及进行稳定性分析[34-37]，但 T-S 推理机制的模型辨识比 Mamdani 模型复杂，因为它不仅包括前提结构的辨识、前提参数和结论结构的辨识，还包括结论中线性方程所有参数的辨识。

相对于 T-S 模型，Mamdani 模型由于其输出为模糊集合，对每一个输出变量对应的模糊集合进行解模糊化处理，即可得到实际问题期望的输出，不存在对结论中线性方程各个参数的辨识，因而更适合输出为模糊集合的情况。观察本节所得的模糊控制规则，输出均为模糊集合的形式，所以采用 Mamdani 模糊推理模型。

本设计中的模糊规则分为两种情况：规则 1 和规则 10 属于"If A then C"形式的简单模糊语句结构，规则 2 至规则 9 属于"If A and B then C"形式的二维模糊语句结构。这里 A、B、C 分别为论域 X、Y、Z 上的模糊集。

规则 1 和规则 10 的模糊关系 R_1 可表示为

$$R_1 = A_i^c \cup (A_i \cap C_i), \quad i=1,10$$

隶属函数形式表示如下：

$$\mu_{R_1}(x,z)=[1-\mu_{A_i}(x)]\vee[\mu_{A_i}(x)\wedge\mu_{C_i}(z)], \quad i=1,10 \tag{6.1}$$

式中，x 和 z 均为不同论域上的模糊语言变量，且 $x\in X$，$z\in Z$。

根据 Mamdani 的定义，规则 2 至规则 10 具有的三元模糊关系 R_2 可表示为

$$R_2 = A_i \cap B_j \cap C_i, \quad 2\leqslant i\leqslant 9, \quad 1\leqslant j\leqslant 8 \tag{6.2}$$

隶属函数形式为

$$\begin{aligned}\mu_{R_2}(x,y,z)&=[\mu_{A_i}(x)\wedge\mu_{B_j}(y)]\wedge\mu_{C_i}(z)\\&=\mu_{A_i}(x)\wedge\mu_{B_j}(y)\wedge\mu_{C_i}(z), \quad 2\leqslant i\leqslant 9, \quad 1\leqslant j\leqslant 8\end{aligned} \tag{6.3}$$

式中，$y\in Y$。

本设计中共有 10 条模糊控制规则，根据 Mamdani 的定义，总的模糊关系 R_3 为

$$R_3=[A_1^c\cup(A_1\cap C_1)]\cup(A_2\cap B_1\cap C_2)\cup\cdots\cup(A_9\cap B_8\cap C_9)\cup[A_{10}^c\cup(A_{10}\cap C_{10})] \tag{6.4}$$

式中，$A_1,\cdots,A_{10}$、$B_1,\cdots,B_8$ 和 $C_1,\cdots,C_{10}$ 分别为论域 X、Y 和 Z 上的模糊集。

用隶属函数形式描述为

$$\begin{aligned}\mu_{R_3}(x,y,z)=&[(1-\mu_{A_1}(x))\vee(\mu_{A_1}(x)\wedge\mu_{C_1}(z))]\vee[\mu_{A_2}(x)\wedge\mu_{B_1}(y)\wedge\mu_{C_2}(z)]\vee\cdots\\&\vee[\mu_{A_9}(x)\wedge\mu_{B_8}(y)\wedge\mu_{C_9}(z)]\vee[(1-\mu_{A_{10}}(x))\vee(\mu_{A_{10}}(x)\wedge\mu_{C_{10}}(z))]\end{aligned}$$

当输入为 A_i 和 B_j 时，利用合成运算可求出控制量 C_i，即

$$C_i=(A_i\cap B_j)\circ R_3, \quad 1\leqslant i\leqslant 10, \quad 1\leqslant j\leqslant 8$$

3. 输出量的去模糊化

为了获得准确的控制量，就要求模糊方法能够很好地输出隶属度函数的计算结果。在本设计中，采用工业控制中广泛使用的去模糊化方法——加权平均法，即取隶属度的加权平均值作为输出的清晰值。

假设输出模糊集可表示为

$$F = \sum_{i=1}^{n} \mu_F(z_i) / z_i$$

则按如下公式计算出输出的清晰量：

$$z_{\text{out}} = \frac{\sum_{i=1}^{n} z_i \cdot \mu_F(z_i)}{\sum_{i=1}^{n} \mu_F(z_i)}$$

通过上面的步骤，便实现了基于 Mamdani 推理模型的模糊逻辑单元的设计，利用该模糊逻辑单元便可得到期望的 PID 参数 $K_{\text{p\_fuzzy}}$、$K_{\text{i\_fuzzy}}$、$K_{\text{d\_fuzzy}}$。

在确定量化因子和比例因子时，应按如下方法进行：当误差和误差变化率较大时，应取较小的量化因子，以减小对误差和误差变化率的分辨率，同时适当加大比例因子，以增大控制量的变化，加快系统的响应过程；反之，如果误差和误差变化率较小时，应取较大的量化因子，以加大对误差和误差变化率的分辨率，同时，适当地减小比例因子，以减小控制量的变化，防止出现过大的超调量，使系统达到稳态的时间更短。

6.4.2　MFPID 控制器的算法实现

对于 6.4.1 小节所设计的模糊逻辑单元，具有两个输入变量 e 和 ec，三个输出变量 $K_{\text{p\_fuzzy}}$、$K_{\text{i\_fuzzy}}$、$K_{\text{d\_fuzzy}}$，则 MFPID 控制器输出的控制量 $U(n)$ 为

$$U(n) = K_{\text{p\_fuzzy}} e(n) + K_{\text{i\_fuzzy}} \sum_{i=0}^{n} e_i + K_{\text{d\_fuzzy}} [e(n) - e(n-1)] \qquad (6.5)$$

$$e(n) = U_{\mathrm{r}}(n) - U_{\mathrm{out}}(n) \tag{6.6}$$

式（6.6）中，$U_{\mathrm{r}}(n)$ 为发电机机端电压的参考值；$U_{\mathrm{out}}(n)$ 为发电机机端电压的实际测量值。MFPID 控制器的模型实现如图 6.7 所示。

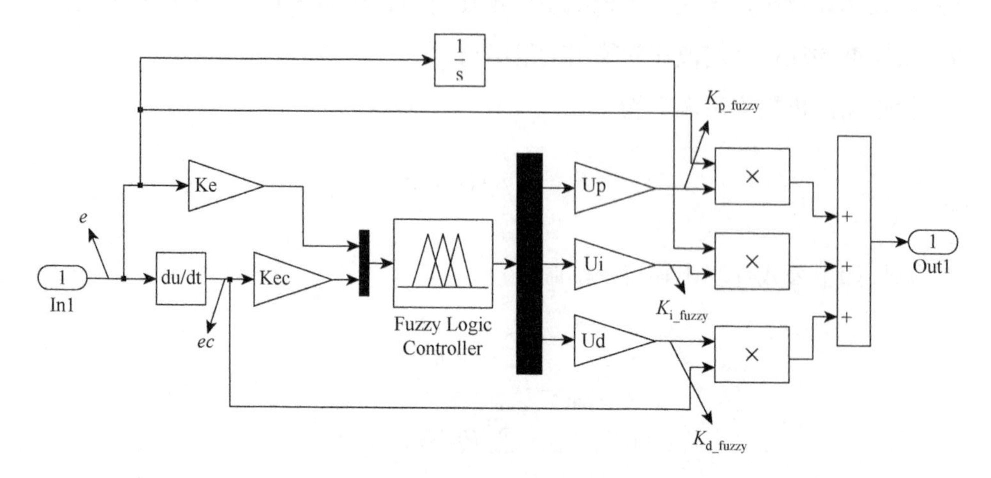

图 6.7　MFPID 控制器的模型实现

在图 6.7 中，In1 端子为同步发电机机端电压偏差，如式（6.6）所示，Out1 为 MFPID 控制器的输出量，同时也是功率放大单元的输入量。Ke 和 Kec 分别为误差 e 和误差变化率 ec 的量化因子，Up、Ui 和 Ud 分别为比例系数、积分系数和微分系数的比例因子。

6.5　MFPID-PSS 分段切换控制策略

通过研究发现，在电力系统小扰动实验中，MFPID 控制策略能获得良好的控制效果。但在电力系统大扰动实验中，MFPID 和常规 PSS 比较时，虽然前者的调节时间更短，但故障后的超调量却较大。

研究表明，PSS 是抑制电力系统低频振荡的重要措施，同时在系统受到大扰动的情况下，不会使系统产生过大的超调量。在系统受到大扰动后，为了获得和 PSS 一样较小的超调量，同时也希望得到和 MFPID 一样较短的调节时间，本节提出一种结合 PSS 和 MFPID 的分段切换控制策略 MFPID-PSS。

在 MFPID-PSS 控制策略中，使用了 MFPID 和 PSS 两种控制器，其中 MFPID 控制器的模型实现如图 6.7 所示；PSS 控制器选择以 P_a 为输入信号，其结构图如图 6.8 所示[38]。

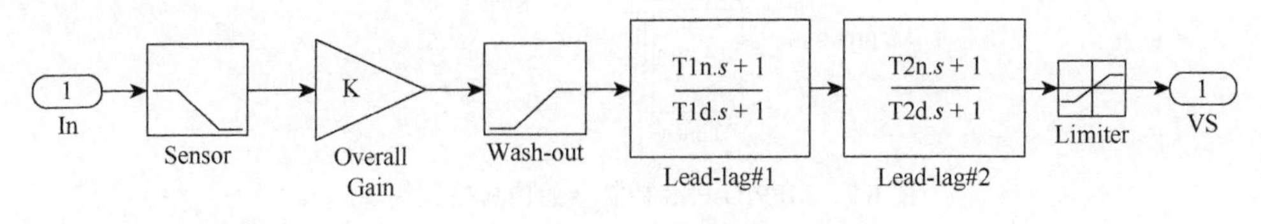

图 6.8　PSS 结构图

在图 6.8 中，In 为 PSS 的输入信号，可以选择转速信号、频率信号或加速功率信号等；Sensor 模块为一个低通滤波器，其作用是通过滤波阻止扭振频率信号经 PSS 放大与发电机发生谐振；K 为总增益；Wash-out 模块称为清洗环节，为一个高通滤波器，滤去直流部分，得到动偏差；Lead-lag#1 和 Lead-lag#2 共同构成二阶超前滞后单元，实现相位补偿的作用，对于以 P_a 为输入信号的 PSS 通常是滞后相角补偿；Limiter 为一个限幅环节，为使大干扰时 PSS 的输出量造成的发电机端电压的变化不超过一定的范围，对 PSS 的输出应加以限制。

通过研究发现，一个稳定的电力系统在受到扰动后的较短时间内振荡最为剧烈，幅度最大，记这个系统显著振荡的时间段为 T_1。如本章 6.6 节中的电力系统模型，在受到三相接地故障后约 5s 内系统的振荡比较显著。基于前面的分析可知，和 PSS 比较，MFPID 控制器在电力系统受到大扰动的情况下，具有更短的调节时间，但是其超调量也较大，结合 PSS 和 MFPID 两者的优点，本节提出了 MFPID-PSS 分段切换控制策略，其基本原理是：设电力系统受到扰动的时刻为 T_0，则在 $T_0 \leqslant t \leqslant T_0 + T_1$ 的时间段内采用 PSS 控制，这样有利于消除系统产生过大的超调量；在 $t > T_0 + T_1$ 的时间段内采用 MFPID 控制，这样有利于系统在较短时间内恢复稳定，减少调节时间。

MFPID-PSS 控制器的仿真模型实现如图 6.9 所示。

在图 6.9 中，Timer 设定控制器切换的时刻为 $T_0 + T_1$，Switch 实现不同控制信号的选择，Out1 为 MFPID-PSS 控制器的输出量，同时也是励磁功率放大单元的输入量。MFPID-PSS 控制器的输入端子 1 为 PSS 控制器的输入信号，$\Delta P = P_m - P_e$；

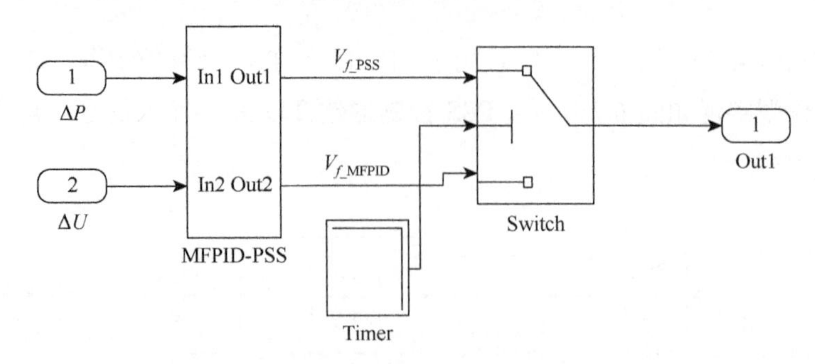

图 6.9　MFPID-PSS 控制器的仿真模型实现

输入端子 2 为 MFPID 控制器的输入信号 $\Delta U = U_{\mathrm{r}} - U_{\mathrm{out}}$。则当 $t \in [T_0, T_0 + T_1]$ 时，$\mathrm{Out1} = V_{f\_\mathrm{PSS}}$；当 $t \in (T_0 + T_1, \infty)$ 时，$\mathrm{Out1} = V_{f\_\mathrm{MFPID}}$。其中 V_{f_PSS} 为 PSS 控制器输出的控制信号，V_{f_MFPID} 为 MFPID 控制器输出的控制信号。

在实际应用中，通过在状态量在线监测装置中设定门槛值可以获知系统受到扰动的时刻 T_0，通过电力系统仿真实验结合工程经验等途径可以获得比较合理的时间段 T_1，将确定后的 T_0 和 T_1 写入时间继电器，从而使 MFPID-PSS 在时刻 $T_0 + T_1$ 切换到 MFPID 控制模式。

6.6　仿真研究

在本节中，将对 6.4 节提出的 MFPID 控制方法以及 6.5 节提出的 MFPID-PSS 方法进行仿真研究。

本节中使用的仿真模型为具有如下参数的单机无穷大电力系统，发电机及电网参数如表 6.1 所示。

表 6.1　单机无穷大电力系统发电机及电网参数

参数	数值
X_d	2.84p.u.
X'_d	0.382p.u.
X_q	2.7p.u.
T_{d0}	0.756s
D	0

续表

参数	数值
H_j	6.2s
X_T	0.1625p.u.
X_L	0.35p.u.
w_0	314rad/s

稳定运行点：$V_{t0}=1.0$p.u.，$P_0=0.905$p.u.。

仿真中选取如下扰动。

（1）20s 时出现输入发电机的机械功率上升 5%的小扰动，0.5s 后扰动被切除。

（2）①20s 时变压器高压侧线路出现三相接地故障的大扰动，0.1s 后故障切除；②20s 时变压器高压侧线路出现单相接地故障的大扰动，0.1s 后故障切除；③20s 时变压器高压侧线路出现三相断路器故障的大扰动，0.5s 后故障切除。

以下实验对发电机转子角速度和选定线路的有功功率进行观测。

在本节的仿真研究中，涉及几种不同类型的励磁控制器，针对本节具体的电力系统模型，各控制器的参数设计如下：常规 PID 控制器的相关参数经整定后得到 $K_\mathrm{p}=95$，$K_\mathrm{i}=80$，$K_\mathrm{d}=2$。PSS 的相关参数如下：$K=2$，$T1n=0.04\mathrm{s}$，$T1d=0.45\mathrm{s}$，$T2n=0$，$T2d=0$，$T_{\mathrm{sensor}}=0.015\mathrm{s}$，$T_{\mathrm{washout}}=0.7\mathrm{s}$，$VS_{\min}=-0.15$，$VS_{\max}=0.15$。MFPID 及 MFPID-PSS 的相关参数设计如下：Ke = 30，Kec = 5，$U_p=35$，$U_i=10$，$U_d=0.2$，在 MFPID-PSS 控制器中，对应于三相接地故障、单相接地故障和三相断路器故障，T_1 分别设置为 4.7s、0.8s 和 1s。

在仿真研究中，首先对本章提出的 MFPID 在大小扰动下的控制性能进行分析并与常规 PID、PSS 进行比较，仿真结果如图 6.10～图 6.15 所示。

从图 6.10 可以看出，在小扰动仿真实验中，发生故障后，系统出现了低频振荡（在图 6.10（b）中，采用 PID 方法控制时，线路有功功率的振荡频率为 0.63Hz）。MFPID 控制器在超调量和调节时间上都具有比常规 PID 控制器更好的控制效果。

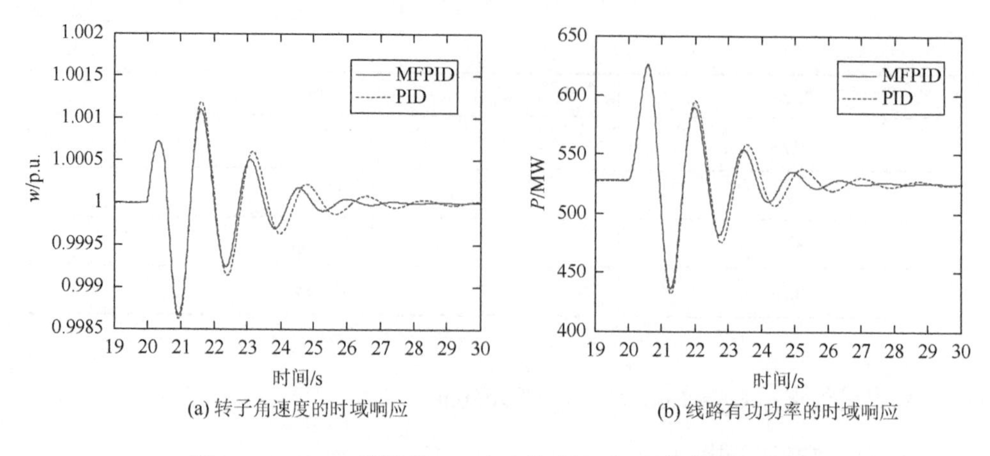

(a) 转子角速度的时域响应　　(b) 线路有功功率的时域响应

图 6.10　MFPID 和常规 PID 在小扰动情形下的控制效果比较

MFPID 和 PSS 在小扰动情形下的控制效果比较如图 6.11 所示。故障后系统出现了低频振荡（在图 6.11（b）中，采用 PSS 方法，线路有功功率的振荡频率为 0.33Hz）。PSS 方法和 MFPID 方法相比较，PSS 方法虽然故障后的超调量略小，但是故障后使系统恢复稳定的时间更长，表现为 40s 以后趋于稳定，而采用 MFPID 方法，扰动后系统则在 27s 附近更快稳定下来。

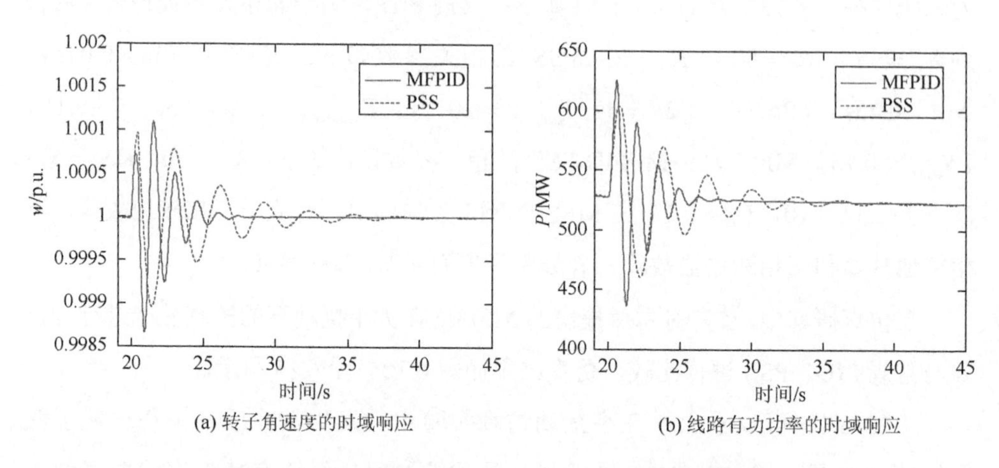

(a) 转子角速度的时域响应　　(b) 线路有功功率的时域响应

图 6.11　MFPID 和 PSS 在小扰动情形下的控制效果比较

MFPID、PSS 和 PID 三种方法在小扰动情形下的控制效果比较如图 6.12 所示。从图 6.12 可以看出，对于转子角速度和线路有功功率的时域响应而言，MFPID 的控制效果优于PID，但超调量比PSS略差，采用MFPID控制器达到稳态的时间明显优于PSS和PID控制器。

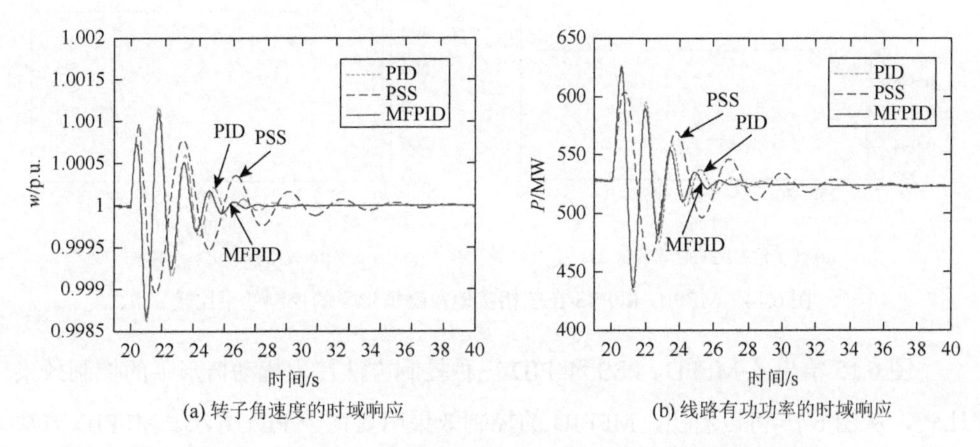

(a) 转子角速度的时域响应　　(b) 线路有功功率的时域响应

图6.12　MFPID、PSS和PID在小扰动情形下的控制效果比较

图6.13给出了在三相接地故障情形下采用MFPID方法和采用PID方法的控制效果比较，从图6.13（a）和（b）可以看出，系统采用MFPID方法的调节时间更短，超调量更小，对故障后低频振荡的抑制效果明显优于采用PID方法的情况。

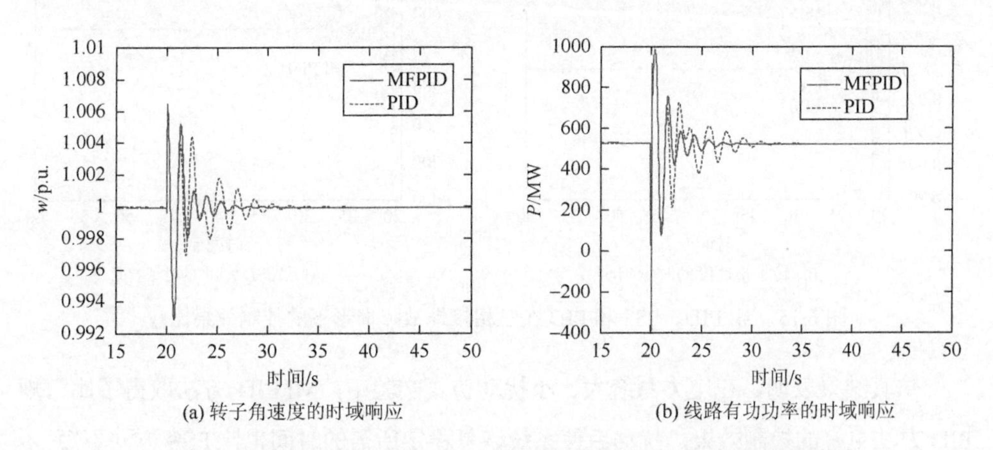

(a) 转子角速度的时域响应　　(b) 线路有功功率的时域响应

图6.13　MFPID和常规PID在三相接地故障情形下的控制效果比较

从图6.14可以看出，采用PSS方法转子角速度和线路有功功率稳定下来的时间明显比采用MFPID的方法长，但采用PSS方法使系统在故障后的超调量较小。

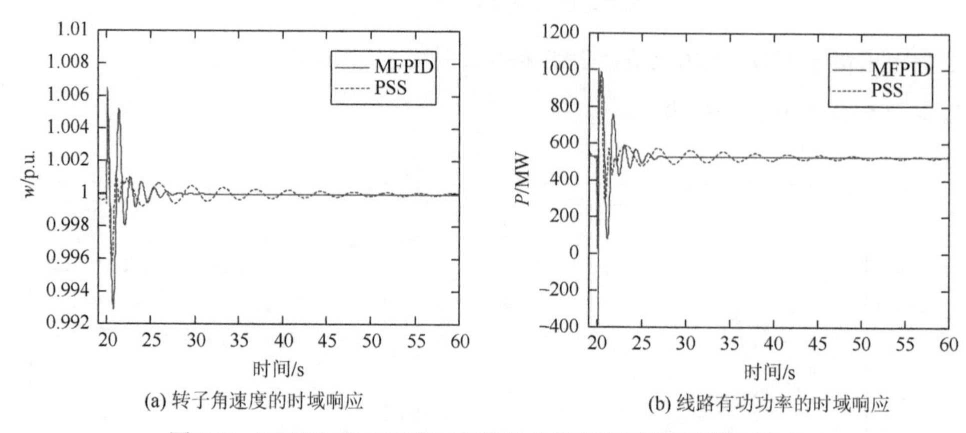

(a) 转子角速度的时域响应

(b) 线路有功功率的时域响应

图 6.14 MFPID 和 PSS 在三相接地故障情形下的控制效果比较

图 6.15 给出了 MFPD、PSS 和 PID 三种控制方法在大扰动情形下的控制效果比较，从图 6.15 可以看出，MFPID 的控制效果明显优于 PID 方法。MFPID 方法和 PSS 方法比较而言，PSS 方法的超调量较小，但采用 MFPID 方法能使系统在故障后更快稳定下来。

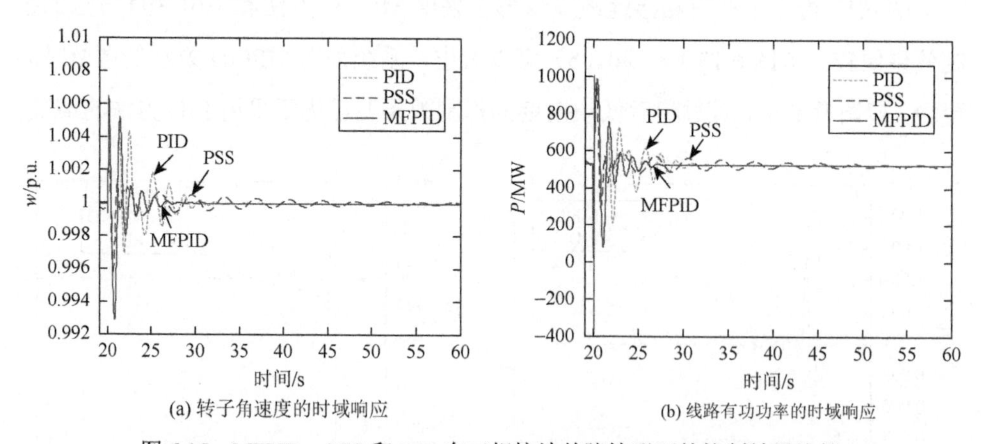

(a) 转子角速度的时域响应

(b) 线路有功功率的时域响应

图 6.15 MFPID、PSS 和 PID 在三相接地故障情形下的控制效果比较

仿真结果表明，在电力系统大、小扰动仿真实验中，MFPID 方法取得了比常规 PID 方法更好的控制效果，扰动后使系统恢复稳定所需的时间也比 PSS 方法更短。

下面对 MFPID-PSS 分段切换控制和 MFPID 控制进行对比分析。这里只对大扰动的情况进行仿真研究。在研究中，将本章提出的 MFPID-PSS 控制方法在三相接地故障、单相接地故障和三相断路器故障等大扰动下的控制性能与 MFPID 控制方法进行比较分析，对应的时域响应如图 6.16 所示。

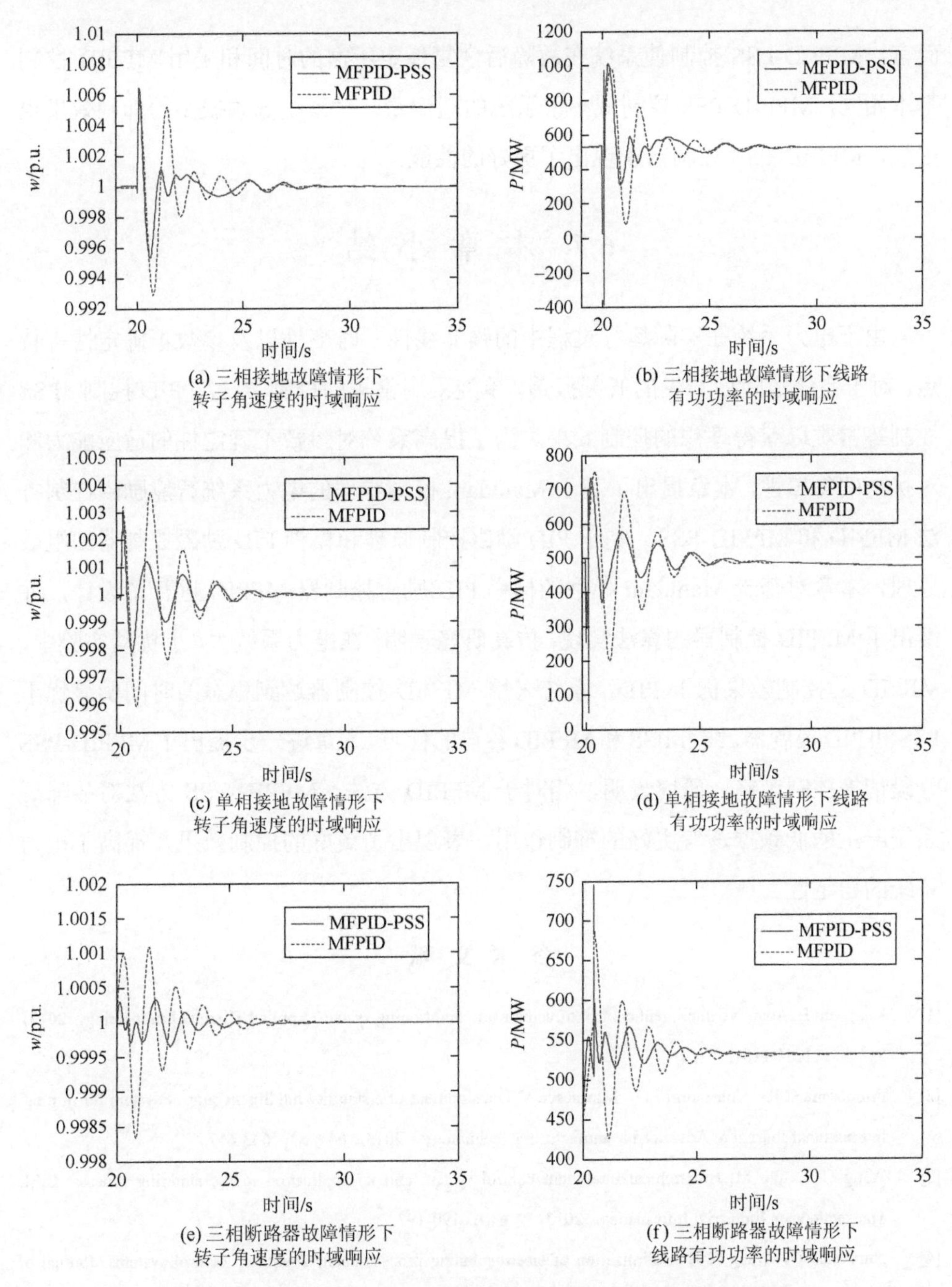

图 6.16　MFPID-PSS 和 MFPID 在大扰动情形下的控制效果比较

从图 6.16 可以看出，在三相接地故障、单相接地故障和三相断路器故障等大扰动的情形下，相对于 MFPID 控制，对于转子角速度和线路有功功率的时域响应而言，MFPID-PSS 控制使系统在故障后恢复稳定所需的时间和采用 MFPID 控制基本相同，MFPID-PSS 控制减小了系统的超调量，对系统低频振荡的抑制效果也更好，MFPID-PSS 控制器表现出了更好的性能。

6.7 本 章 小 结

由于电力系统在实际运行过程中的强非线性、时变性以及参数不确定性等特点，对于系统故障后产生的低频振荡，单纯采用常规的控制方法如 PID 控制、PSS 控制等常难以获得理想的控制效果。为了提高系统对参数不确定性的适应能力和对扰动的鲁棒性，本章提出了基于 Mamdani 模糊推理的电力系统智能励磁控制方法 MFPID 和 MFPID-PSS。基于 PID 励磁控制原理和模糊 PID 励磁控制器的组成原理，本章对基于 Mamdani 模型的模糊 PID 励磁控制器 MFPID 进行了设计，并给出了 MFPID 控制器的算法实现。仿真研究表明，在电力系统大、小扰动实验中，MFPID 的控制效果优于 PID，系统采用 MFPID 控制器达到稳态的时间明显优于 PSS 和 PID 控制器。结合 PSS 和 MFPID 各自的优点，本章进一步提出了 MFPID-PSS 分段切换控制策略，研究表明，相对于 MFPID 方法，MFPID-PSS 方法对故障后系统产生的低频振荡有更好的抑制作用，表现出了更好的控制效果，提高了电力系统的稳定性。

参 考 文 献

[1] Khayyam H. Adaptive intelligent control of vehicle air conditioning system. Applied Thermal Engineering，2013，51（1）：1154-1161.

[2] Frumusanu G R，Constantin I C，Marinescu V. Development of a stability intelligent control system for turning. International Journal of Advanced Manufacturing Technology，2013，64（5）：643-657.

[3] Wang C S，Wu M. Hierarchical intelligent control system and its application to the sintering process. IEEE Transactions on Industrial Informatics，2013，9（1）：190-197.

[4] Nurwahaa D，Wang X H. Optimization of electrospinning process using intelligent control systems. Journal of Intelligent and Fuzzy Systems，2013，24（3）：593-600.

[5] Farahani M. Intelligent control of SVC using wavelet neural network to enhance transient stability. Engineering Applications of Artificial Intelligence，2013，26（1）：273-280.

[6] Sadeghpour M，Khodabakhsh M，Salarieh H. Intelligent control of chaos using linear feedback controller and

neural network identifier. Communications in Nonlinear Science and Numerical Simulation，2012，17（12）：4731-4739.

[7] Chang Y H，Chan W S，Chang C W. T-S fuzzy model-based adaptive dynamic surface control for ball and beam system. IEEE Transactions on Industrial Electronics，2013，60（6）：2251-2263.

[8] Wang T，Tong S C. Adaptive fuzzy output feedback control for SISO nonlinear systems. International Journal of Innovative Computing Information and Control，2006，2（1）：51-60.

[9] Abdelazim T，Malik O P. Adaptive fuzzy control of SSSC to improve damping of power system oscillations. Power Engineering Society General Meeting，Montreal，2006：2276-2281.

[10] Chakrabarti A，Chakraborty A，Sadhu P K. A fuzzy self-tuning PID controller with a derivative filter for power control in induction heating systems. Journal of Power Electronics，2017，17（6）：1577-1586.

[11] Hasanvand H，Zad B B，Mozafari B，et al. Damping of low-frequency oscillations using an SVC-based supplementary controller. IEEJ Transactions on Electrical and Electronic Engineering，2013，8（6）：550-556.

[12] Abolmasoumi A H，Moradi M. Nonlinear T-S fuzzy stabilizer design for power systems including random loads and static synchronous compensator. International Transactions on Electrical Energy Systems，2018，28（1）：1-19.

[13] Soliman H M，El Metwally K A. Robust pole placement for power systems using two-dimensional membership fuzzy constrained controllers. IET Generation Transmission and Distribution，2017，11（16）：3966-3973.

[14] Haroun A H G，Li Y Y. A novel optimized hybrid fuzzy logic intelligent PID controller for an interconnected multi-area power system with physical constraints and boiler dynamics. ISA Transactions，2017，71（2）：364-379.

[15] Sabahi K，Ghaemi S，Pezeshki S. Gain scheduling technique using MIMO type-2 fuzzy logic system for LFC in restructure power system. International Journal of Fuzzy Systems，2017，19（5）：1464-1478.

[16] Abazari A，Dozein M G，Monsef H. An optimal fuzzy-logic based frequency control strategy in a high wind penetrated power system. Journal of the Franklin Institute：Engineering and Applied Mathematics，2018，355（14）：6262-6285.

[17] Arya Y. Automatic generation control of two-area electrical power systems via optimal fuzzy classical controller. Journal of the Franklin Institute：Engineering and Applied Mathematics，2018，355（5）：2662-2688.

[18] Ghafouri A，Milimonfared J，Gharehpetian G B. Fuzzy-adaptive frequency control of power system including microgrids，wind farms，and conventional power plants. IEEE Systems Journal，2018，12（3）：2772-2781.

[19] 王德意，孙新志，杨国清，等. 同步发电机模糊 PID 励磁控制器仿真研究. 水电自动化与大坝监测，2005，29（1）：17-21.

[20] Jing X J，Cheng L. An optimal PID control algorithm for training feedforward neural networks. IEEE Transactions on Industrial Electronics，2013，60（6）：2273-2283.

[21] Moradi M. Self-tuning PID controller to three-axis stabilization of a satellite with unknown parameters. International Journal of Non-linear Mechanics，2013，49（3）：50-56.

[22] Wang F C，Ko C C. Multivariable robust PID control for a PEMFC system. International Journal of Hydrogen Energy，2010，35（19）：10437-10445.

[23] Yang L. A stable self-learning PID control based on the artificial immune algorithm. IEEE International Conference on Automation and Logistics，Shenyang，2009：1237-1242.

[24] Bagis A. Determination of the PID controller parameters by modified genetic algorithm for improved performance. Journal of Information Science and Engineering，2007，23（5）：1469-1480.

[25] Feng D Q，Dong L J，Fei M R，et al. Genetic algorithm based neuro-fuzzy network adaptive PID control and its applications. The 1st International Symposium on Computational and Information Science，Berlin，2004：330-335.

[26] 张泾周，杨伟静，张安祥. 模糊自适应 PID 控制的研究及应用仿真. 计算机仿真，2009，26（9）：132-135.

[27] Arama B，Barissi S，Houshangi N. Control of an unmanned coaxial helicopter using hybrid fuzzy-PID controllers. Canadian Conference on Electrical and Computer Engineering，Niagara Falls，2011：1064-1068.

[28] Li H Z，Li L，He L，et al. PID plus fuzzy logic method for torque control in traction control system. International Journal of Automotive Technology，2012，13（3）：441-450.

[29] Chaiyatham T，Ngamroo I. A self-tuning PID-based SMES controller by optimal fuzzy gain scheduling for stabilization of inter-area power system oscillation. ICIC Express Letters，2013，7（1）：229-234.

[30] Karasakal O，Guzelkaya M，Eksin I，et al. Online tuning of fuzzy PID controllers via rule weighing based on normalized acceleration. Engineering Applications of Artificial Intelligence，2013，26（1）：184-197.

[31] 钟飞，钟毓宁. Mamdani 与 Sugeno 型模糊推理的应用研究. 湖北工业大学学报，2005，20（2）：28-30.

[32] 吕红丽. Mamdani 模糊控制系统的结构分析理论研究及其在暖通空调中的应用. 济南：山东大学，2007.

[33] Takagi T，Sugeno M. Fuzzy identification of systems and its applications to modeling and control. IEEE Transactions on Systems，Man，and Cybernetics，1985，15（1）：116-132.

[34] Kiriakidis K. Robust stabilization of the Takagi-Sugeno fuzzy model via bilinear matrix inequalities. IEEE Transactions on Fuzzy Systems，2001，9（2）：269-277.

[35] Sii H S，Ruxton T，Wang J. A fuzzy-logic-based approach to qualitative safety modelling for marine systems. Reliability Engineering and System Safety，2001，73（1）：19-34.

[36] Wang W J，Sun C H. A relaxed stability criterion for T-S fuzzy discrete systems. IEEE Transactions on Systems，Man，and Cybernetics，Part B：Cybernetics，2004，34（5）：2155-2158.

[37] Tanaka K，Sano M. Robust stabilization problem of fuzzy control systems and its application to backing up control of a truck-trailer. IEEE Transactions on Fuzzy Systems，1994，2（2）：119-134.

[38] 方思立，朱方. 电力系统稳定器的原理及其应用. 北京：中国电力出版社，1996.

第7章　基于H_∞控制的电力系统输出反馈控制器设计

7.1　概　　述

H_∞控制理论自提出以来，得到人们的广泛重视和研究，取得了一系列的研究成果，并在许多工程问题中得到应用[1-17]。MATLAB 软件中线性矩阵不等式（linear matrix inequality，LMI）工具箱的推出，使得 LMI 相关问题的求解变得更加方便、快捷，为许多控制问题的求解提供了有力的工具[18-22]，推动了H_∞控制理论在控制领域的应用。本章基于第 4 章的 SMIB 电力系统实用模型，对基于H_∞控制的电力系统输出反馈控制器设计问题进行研究，并进行相关实例仿真。

本章的组织结构如下：7.1 节为概述；7.2 节为 LMI 简介；7.3 节为输出反馈H_∞控制问题求解；7.4 节为仿真实例；7.5 节为本章小结。

7.2　LMI 简介

由于目前许多控制系统的分析、设计问题以及约束条件等均可以转化为一系列 LMI 的可解性问题来处理，并有 MATLAB 等高效可靠的工具软件提供技术支持和开发手段，因此应用 LMI 来解决系统和控制问题已经成为控制领域非常重要的方法。本节对 LMI 的基础知识进行简单介绍[23-25]。

7.2.1　LMI 的表示及基本概念

一个 LMI 就是具有形式

$$F(x)=F_0+x_1F_1+\cdots+x_mF_m<0 \tag{7.1}$$

的表达式，式（7.1）中，“＜”号表示矩阵$F(x)$是负定的。

$F_i=F_i^{\mathrm{T}}\in\mathbb{R}^{n\times n}$是给定的对称常数矩阵，$x_1,x_2,\cdots,x_m$是$m$个实数变量，称为

线性矩阵不等式（7.1）的决策变量，$x=(x_1,\cdots,x_m)^{\mathrm{T}}\in\mathbb{R}^m$ 是由决策变量构成的向量，称为决策向量。

不等式（7.1）是以很基本的形式给出的，然而在许多控制系统问题中，LMI 系统却很少以这样的形式给出。问题的变量往往都是以矩阵的形式给出的，例如，Lyapunov 矩阵不等式：

$$A^{\mathrm{T}}X+XA+Q<0 \tag{7.2}$$

式中，$A,Q\in\mathbb{R}^{n\times n}$ 是给定的常数矩阵，并且 Q 为对称矩阵，$X\in\mathbb{R}^{n\times n}$ 是对称的未知矩阵变量。

设 $E_1,E_2,\cdots,E_m$ 是 S^n 中的一组基，则对任意对称 $X\in\mathbb{R}^{n\times n}$，存在 $x_1,x_2,\cdots,x_m$，使得 $X=\sum\limits_{i=1}^{m}x_iE_i$ 。

因此，

$$\begin{aligned}F(X)&=F\left(\sum_{i=1}^{m}x_iE_i\right)\\&=A^{\mathrm{T}}\left(\sum_{i=1}^{m}x_iE_i\right)+\left(\sum_{i=1}^{m}x_iE_i\right)A+Q\\&=Q+x_1(A^{\mathrm{T}}E_1+E_1A)+\cdots+x_m(A^{\mathrm{T}}E_m+E_mA)\\&<0\end{aligned} \tag{7.3}$$

下面通过一个实例来说明不等式（7.1）和不等式（7.2）之间的转化。

设 $A=\begin{bmatrix}1&2\\-1&0\end{bmatrix}$，$Q$ 为零矩阵，变量 $X=\begin{bmatrix}x_1&x_2\\x_2&x_3\end{bmatrix}$，那么不等式（7.2）中的决策变量是矩阵变量 X 中的独立元 x_1,x_2,x_3 。

令 $X=x_1E_1+x_2E_2+x_3E_3$，其中 $E_1=\begin{bmatrix}1&0\\0&0\end{bmatrix},E_2=\begin{bmatrix}0&1\\1&0\end{bmatrix},E_3=\begin{bmatrix}0&0\\0&1\end{bmatrix}$ 为 S^2 中的一组基，则

$$\begin{aligned}A^{\mathrm{T}}X+XA&=A^{\mathrm{T}}\left(\sum_{i=1}^{3}x_iE_i\right)+\left(\sum_{i=1}^{3}x_iE_i\right)A\\&=x_1(A^{\mathrm{T}}E_1+E_1A)+x_2(A^{\mathrm{T}}E_2+E_2A)+x_3(A^{\mathrm{T}}E_3+E_3A)\\&=x_1\left(\begin{bmatrix}1&-1\\2&0\end{bmatrix}\begin{bmatrix}1&0\\0&0\end{bmatrix}+\begin{bmatrix}1&0\\0&0\end{bmatrix}\begin{bmatrix}1&2\\-1&0\end{bmatrix}\right)\end{aligned}$$

$$
\begin{aligned}
&+x_2\left(\begin{bmatrix}1 & -1\\ 2 & 0\end{bmatrix}\begin{bmatrix}0 & 1\\ 1 & 0\end{bmatrix}+\begin{bmatrix}0 & 1\\ 1 & 0\end{bmatrix}\begin{bmatrix}1 & 2\\ -1 & 0\end{bmatrix}\right)\\
&+x_3\left(\begin{bmatrix}1 & -1\\ 2 & 0\end{bmatrix}\begin{bmatrix}0 & 0\\ 0 & 1\end{bmatrix}+\begin{bmatrix}0 & 0\\ 0 & 1\end{bmatrix}\begin{bmatrix}1 & 2\\ -1 & 0\end{bmatrix}\right)\\
&=x_1\begin{bmatrix}2 & 2\\ 2 & 0\end{bmatrix}+x_2\begin{bmatrix}-2 & 1\\ 1 & 4\end{bmatrix}+x_3\begin{bmatrix}0 & -1\\ -1 & 0\end{bmatrix}
\end{aligned}
\tag{7.4}
$$

则不等式（7.2）转化为不等式（7.1）的形式如下：

$$
x_1\begin{bmatrix}2 & 2\\ 2 & 0\end{bmatrix}+x_2\begin{bmatrix}-2 & 1\\ 1 & 4\end{bmatrix}+x_3\begin{bmatrix}0 & -1\\ -1 & 0\end{bmatrix}<0 \tag{7.5}
$$

可以看出，式（7.4）转换后所涉及的矩阵要比转换前多，从而将占用更多的存储空间。此外，不等式（7.5）已经不再具有不等式（7.2）所具有的控制中的直观含义，因此，LMI 工具箱中的函数一般采用线性矩阵不等式块结构来表示，并且其中每一个块都是矩阵变量的仿射函数。

对于如下的线性矩阵不等式：

$$
A^{\mathrm{T}}P(X_1,X_2,\cdots,X_n)A<B^{\mathrm{T}}Q(X_1,X_2,\cdots,X_n)B \tag{7.6}
$$

式中，$X_i(i=1,\cdots,n)$ 是 LMI 系统的第 i 个矩阵变量或标量变量；P 和 Q 是关于 X_i 的分块矩阵；A 和 B 是给定的常数矩阵。

对于这个 LMI，有以下描述：$A^{\mathrm{T}}P(X_1,X_2,\cdots,X_n)A$ 称为 LMI 的左边（不等式较小的一边），$B^{\mathrm{T}}Q(X_1,X_2,\cdots,X_n)B$ 称为 LMI 的右边（不等式较大的一边）。在 LMI 系统中，一般总是用“＜”表示不等式。

在式（7.6）中，A 和 B 称为 LMI 的外因子，是具有相同维数的给定矩阵，它们可以不是方阵。

在式（7.6）中，P 和 Q（即不等号两边的中间位置的大分块矩阵）称为 LMI 的内因子，P 和 Q 是具有相同块结构的对称块矩阵。内因子中的子块矩阵中每一个表达式都称为 LMI 的项。

7.2.2 LMI 控制问题

1. 可行性问题

寻找一个 $x\in\mathbb{R}^N$，使得满足线性矩阵不等式系统

$$A(x) < B(x) \tag{7.7}$$

相应的求解器是 feasp。

2. 线性目标函数的最小化问题

$$\min_{x} c^{\mathrm{T}} x$$
$$\text{s.t. } A(x) < B(x) \tag{7.8}$$

此类问题的求解器为 mincx。

3. 广义特征值最小化问题

$$\min_{x} \lambda$$
$$\text{s.t. } C(x) < D(x) \tag{7.9}$$
$$0 < B(x) \tag{7.10}$$
$$A(x) < \lambda B(x) \tag{7.11}$$

相应的求解器是 gevp。

7.2.3 LMI 工具箱

LMI 工具箱通过一系列函数实现相关功能，具体介绍如下。

1. 确定 LMI 系统

lmivar：定义矩阵变量。

lmiterm：确定 LMI 系统中每一项的内容。lmiterm 命令的使用比较复杂，具体描述和使用方法如下。

其形式为 lmiterm（termID，A，B，flag)，第一个参数 termID 是一个四元整数向量，明确了每项的位置和所涉及的矩阵变量。

第一个分量 termID(1)：若 termID(1)= + n，则表示第 n 个不等式处于“＜”的左边；若 termID（1）= $-n$，则表示第 n 个不等式处于“＜”的右边。

第二个和第三个分量 termID（2∶3）：termID（2∶3）若为[0，0]，则表示是带有外因子的情况；termID（2∶3）若为[i,j]，则表示该项处在第 i 行第 j 列所在块的位置。

第四个分量 termID（4）：termID（2：3）若为 0，则表示是带有外因子的情况；若为X，则对应的变量项为AXB的形式；若为$-X$，则对应的变量项为$AX^{\mathrm{T}}B$的形式，其中X为矩阵变量。

参数A，B包含的数据涉及外因子（设为矩阵N）、常数项C（设为矩阵C）和变量项（AXB或$AX^{\mathrm{T}}B$）等情况，则对应的参数A，B：A为矩阵N的值，B省略；A为矩阵C的值，B省略；A为矩阵A的值，B为矩阵B的值。

参数 flag 为一个可选项，涉及 lmiterm 命令的一种简化用法，例如：

lmiterm（[1 1 1 X]，A，1，'s'）

该命令将对称表达式$AX+X^{\mathrm{T}}A^{\mathrm{T}}$加到第一个 LMI 不等式的第一行第一列所在的块，这等价于下面两条命令：

lmiterm（[1 1 1 X]，A，1）

lmiterm（[1 1 1–X]，1，A'）

显然，采用第一种方式更加方便和高效。

以下通过一个具体例子，来说明 lmiterm 的使用方法。对于线性矩阵不等式

$$\begin{bmatrix} 2AX_2A^{\mathrm{T}}-x_3E+DD^{\mathrm{T}} & B^{\mathrm{T}}X_1 \\ X_1^{\mathrm{T}}B & -I \end{bmatrix}<0 \tag{7.12}$$

式中，X_1，X_2为矩阵变量，x_3为标量变量。使用 lmiterm 命令对不等式（7.12）中的各项内容进行处理，具体如下所示。

lmiterm（[1 1 1 X2]，2*A，A'）%确定第一行第一列所在块中的项：$2AX_2A^{\mathrm{T}}$。

lmiterm（[1 1 1 x3]，–1，E）%确定第一行第一列所在块中的项：$-x_3E$。

lmiterm（[1 1 1 0]，D*D'）%确定第一行第一列所在块中的项：DD^{T}。

lmiterm（[1 2 1–X1]，1，B）%确定第二行第一列所在块中的项：$X_1^{\mathrm{T}}B$。

lmiterm（[1 2 2 0]，–1）%确定第二行第二列所在块中的项：$-I$。

newlmi：往当前的 LMI 系统中添加新的 LMI。

setlmis：初始化 LMI 系统，一个线性矩阵不等式系统的描述以 setlmis 开始。

getlmis：获得 LMI 系统的内部描述，一个线性矩阵不等式系统的描述以 getlmis 结束。

newlmi：在当前多描述的 LMI 系统中添加一个新的 LMI。

lmiedit：线性矩阵不等式编辑器 lmiedit 是一个图形用户界面，它可以按符号方式直接确定线性矩阵不等式系统。例如，对于线性矩阵不等式：

$$\begin{bmatrix} A^{\mathrm{T}}X+XA+C^{\mathrm{T}}YC & XB \\ B^{\mathrm{T}}X & -Y \end{bmatrix}<0 \tag{7.13}$$

$$X>0 \tag{7.14}$$

$$Y>I \tag{7.15}$$

式中，X 和 Y 为矩阵变量，且 X 为 3×3 的对称块对角矩阵，Y 为 3×2 的长方矩阵。可以通过 LMI 编辑器进行变量定义和不等式描述，如图 7.1 所示。

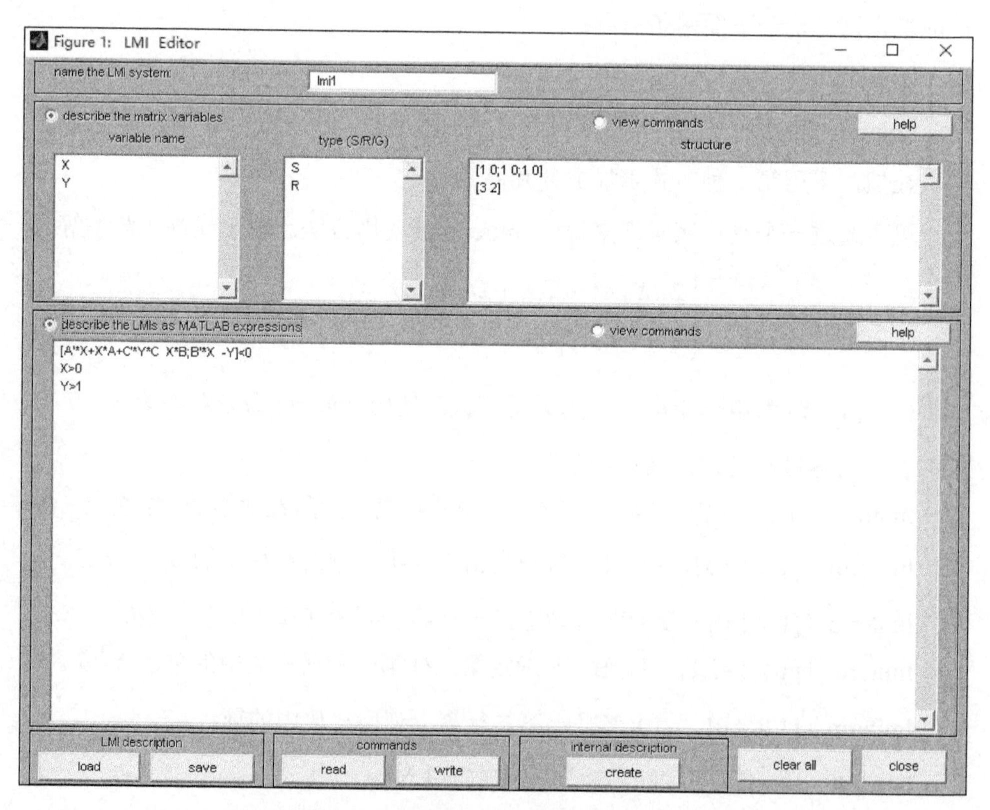

图 7.1　通过 LMI 编辑器进行变量定义和不等式描述

在完成变量定义和不等式描述之后，单击选择 view commands，可以直接将 LMI 的 MATLAB 表达式转换为命令行，如图 7.2 所示。

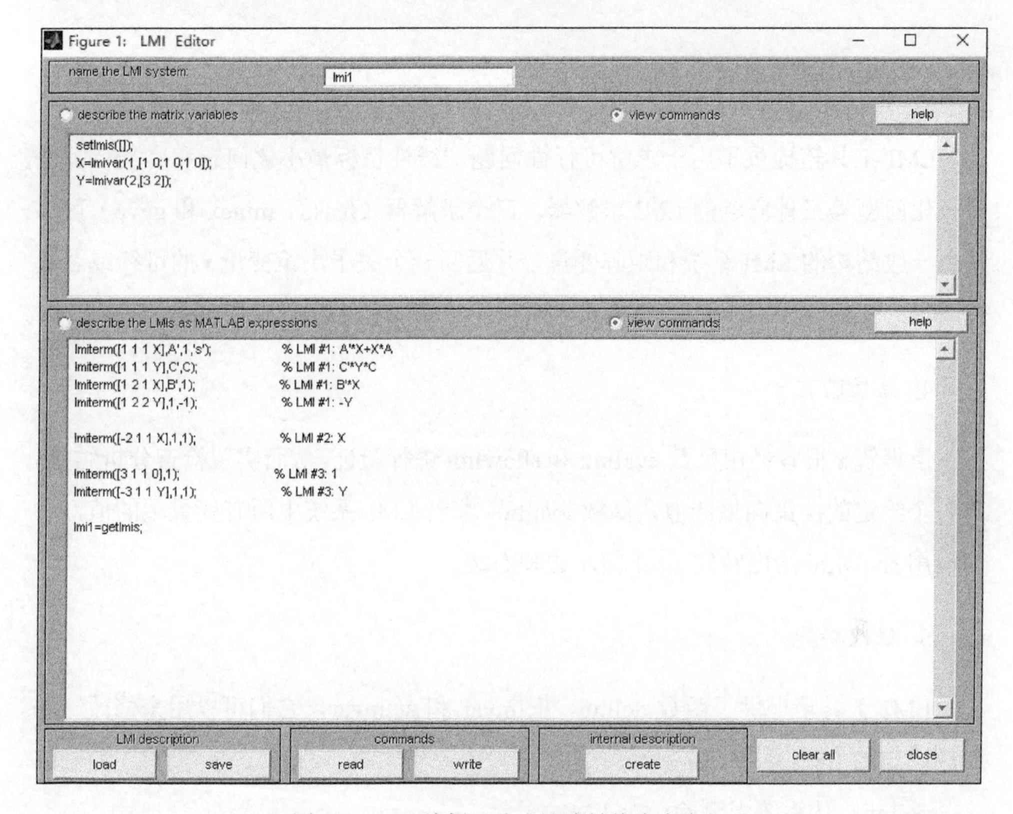

图 7.2　LMI 编辑器将表达式转换为命令行

2. 信息提取

LMI 系统的完整描述是以一个称为内部表示的向量的形式储存在机器内的。LMI 工具箱提供了 lmiinfo、lminbr 和 matnbr 3 个函数，它们可以从内部表示向量中提取线性矩阵不等式的相关信息，并以用户可读的方式显示出来。

lmiinfo：查询现存 LMI 系统的信息。

例如，lmiinfo（lmisys），其中的 lmisys 是由 getlmis 产生的 LMI 系统的内部表示。

lminbr：得到问题中 LMI 的个数。

例如，lminbr（lmisys）得到 LMI 系统中 LMI 的个数。

matnbr：得到问题中矩阵变量的个数。

例如，matnbr（lmisys）得到 LMI 系统中矩阵变量的个数。

3. 线性矩阵不等式求解

LMI 工具箱提供了用于求解可行性问题、线性目标最小化问题和广义特征值最小化问题等三种问题的 LMI 求解器，三个求解器（feasp、mincx 和 gevp）可以解决一般结构的 LMI 系统和矩阵变量，并返回一个关于决策变量 x 的可行或者最优解。

4. 结果验证

所得解 x 很容易由函数 evallmi 和 showlmi 进行验证，从而实现检查分析结果。对一个给定的决策向量的值，函数 evallmi 求出 LMI 系统中所有变量项的值，进而应用 showlmi 给出特定 LMI 的左边和右边。

5. 修改功能

LMI 工具箱提供了函数 dellmi、delmvar 和 setmvar，它们可以用来修改一个已经确定的 LMI 系统。

dellmi：从系统中删除一个 LMI。

delmvar：从 LMI 系统中移除一个矩阵变量。

setmvar：给某个矩阵变量赋予指定值。

7.3 输出反馈 H_∞ 控制问题求解

本节对输出反馈 H_∞ 控制问题的求解进行介绍[25-29]。广义系统描述如式(7.16)所示，即

$$\begin{cases} \dot{x} = Ax + B_1 w + B_2 u \\ z = C_1 x + D_{11} w + D_{12} u \\ y = C_2 x + D_{21} w + D_{22} u \end{cases} \tag{7.16}$$

式中，x 为状态向量，$x \in \mathbb{R}^n$；u 是控制输入，$u \in \mathbb{R}^m$；y 是测量输出，$y \in \mathbb{R}^p$；z 是调节输出，$z \in \mathbb{R}^r$；w 是扰动输入，$w \in \mathbb{R}^q$。

如本书第 4 章所述，基于 SMIB 电力系统基本方程，经过对线性微分方程和

非线性方程的小偏差线性化处理，选取有功功率偏差 P_e、发电机角速度偏差 w 和发电机机端电压偏差 V_t 为状态向量，建立的 SMIB 电力系统状态方程模型如下：

$$\begin{bmatrix}\Delta\dot{P}_e\\ \Delta\dot{w}\\ \Delta\dot{V}_t\end{bmatrix}=\begin{bmatrix}\dfrac{\dfrac{\partial\varphi_1}{\partial\delta}-M_1}{T_{d0}\dfrac{X'_{d\Sigma}}{X_{d\Sigma}}M_1} & \dfrac{\partial\varphi_2}{\partial\delta} & -\dfrac{M_2\dfrac{\partial\varphi_1}{\partial\delta}}{T_{d0}\dfrac{X'_{d\Sigma}}{X_{d\Sigma}}M_1}\\ -\dfrac{w_0}{H_j} & -\dfrac{D}{H_j} & 0\\ \dfrac{\dfrac{\partial\varphi_1}{\partial\delta}-M_1}{T_{d0}\dfrac{X'_{d\Sigma}}{X_{d\Sigma}}M_1M_2} & \dfrac{\dfrac{\partial\varphi_2}{\partial\delta}-M_1}{M_2} & -\dfrac{X_{d\Sigma}\dfrac{\partial\varphi_1}{\partial\delta}}{T_{d0}X'_{d\Sigma}M_1}\end{bmatrix}\begin{bmatrix}\Delta P_e\\ \Delta w\\ \Delta V_t\end{bmatrix}+\begin{bmatrix}\dfrac{\dfrac{\partial\varphi_2}{\partial E'_q}}{T_{d0}}\\ 0\\ \dfrac{\dfrac{\partial\varphi_2}{\partial E'_q}}{T_{d0}M_2}\end{bmatrix}\Delta E_{fd} \tag{7.17}$$

参照式（7.16），令

$$x=[\Delta P_e\quad \Delta w\quad \Delta V_t]^{\mathrm{T}}$$
$$u=\Delta E_{fd}$$

$$A=\begin{bmatrix}\dfrac{\dfrac{\partial\varphi_1}{\partial\delta}-M_1}{T_{d0}\dfrac{X'_{d\Sigma}}{X_{d\Sigma}}M_1} & \dfrac{\partial\varphi_2}{\partial\delta} & -\dfrac{M_2\dfrac{\partial\varphi_1}{\partial\delta}}{T_{d0}\dfrac{X'_{d\Sigma}}{X_{d\Sigma}}M_1}\\ -\dfrac{w_0}{H_j} & -\dfrac{D}{H_j} & 0\\ \dfrac{\dfrac{\partial\varphi_1}{\partial\delta}-M_1}{T_{d0}\dfrac{X'_{d\Sigma}}{X_{d\Sigma}}M_1M_2} & \dfrac{\dfrac{\partial\varphi_2}{\partial\delta}-M_1}{M_2} & -\dfrac{X_{d\Sigma}\dfrac{\partial\varphi_1}{\partial\delta}}{T_{d0}X'_{d\Sigma}M_1}\end{bmatrix}$$

$$B_2=\begin{bmatrix}\dfrac{\dfrac{\partial\varphi_2}{\partial E'_q}}{T_{d0}}\\ 0\\ \dfrac{\dfrac{\partial\varphi_2}{\partial E'_q}}{T_{d0}M_2}\end{bmatrix}$$

在本章中，设 $B_1 = \begin{bmatrix} 0 \\ 0 \\ 0 \end{bmatrix}$，$C_1 = [1 \quad 0 \quad 0]$，$D_{11} = 0$，$D_{12} = 0$，$C_2 = [1 \quad 0 \quad 0]$，$D_{21} = 1$，$D_{22} = 0$。于是，可以得到 SMIB 电力系统对应于式（7.16）的一种描述形式。

对于式（7.16），拟设计输出反馈控制器，形如 $u(s) = K(s)y(s)$，其中，$K(s)$ 为控制器的传递函数。在式（7.16）中加入 $u(s) = K(s)y(s)$ 后，使所得的闭环控制系统是内部稳定的，并且 $\|T_{wz}(s)\|_\infty < 1$。具有这样性质的控制器 $u(s) = K(s)y(s)$ 是式（7.16）的一个 H_∞ 控制器。

如果需要使得闭环系统达到特定的 H_∞ 性能 γ，可以将系统模型中的系数矩阵各自乘以一个恰当的数值即可，这样获得的控制器为式（7.16）的 γ 次优 H_∞ 控制器。

对于 H_∞ 控制器的求解算法，有里卡蒂方程处理法、算子方法以及基于 LMI 等方法。其中，LMI 方法可以采用比较直接的矩阵运算得到控制器的设计方法，而且对系统模型具有比较强的适应性，因而采用基于 LMI 的 H_∞ 控制器设计方法适合于电力系统的输出反馈控制器设计。

设计的输出反馈 H_∞ 控制器为 $u(s) = K(s)y(s)$，其状态空间表达式为

$$\begin{cases} \dot{x}' = A_K x' + B_K y \\ u = C_K x' + D_K y \end{cases} \tag{7.18}$$

式中，x' 为 $u(s) = K(s)y(s)$ 的状态变量，$x' \in \mathbb{R}^{nk}$，A_K, B_K, C_K, D_K 为控制器对应的参数矩阵。

将控制器（7.18）应用到系统（7.16）中，得到的闭环系统为

$$\begin{cases} \dot{\xi} = A_{c1}\xi + B_{c1}w \\ z = C_{c1}\xi + D_{c1}w \end{cases} \tag{7.19}$$

式中

$$\xi = \begin{bmatrix} x \\ x' \end{bmatrix}$$

$$A_{c1} = \begin{bmatrix} A + B_2 D_K C_2 & B_2 C_K \\ B_K C_2 & A_K \end{bmatrix}$$

$$B_{c1} = \begin{bmatrix} B_1 + B_2 D_K D_{21} \\ B_K D_{21} \end{bmatrix}$$

$$C_{c1} = \begin{bmatrix} C_1 + D_{12} D_K C_2 & D_{12} C_K \end{bmatrix}$$

$$D_{c1} = D_{11} + D_{12} D_K D_{21}$$

控制器（7.18）是系统（7.16）的一个 H_∞ 控制器，根据这个 H_∞ 控制器的存在条件，可以基于 LMI 处理方法来设计输出反馈 H_∞ 控制器。MATLAB 中的 LMI 工具箱提供了基于 LMI 处理方法的连续时间系统 H_∞ 控制器综合的工具。在 7.4 节的实例仿真中，将通过连续时间系统 H_∞ 控制器综合问题的求解器 hinflmi 来设计 SMIB 电力系统输出反馈 H_∞ 控制器。

7.4　仿 真 实 例

对于一个具体的 SMIB 电力系统，发电机和电网参数如表 7.1 所示。系统的稳定运行点为 $V_{t0} = 1.0$p.u.，$P_0 = 0.75$p.u.。

表 7.1　发电机和电网参数

参数	数值
X_d	1.305p.u.
X'_d	0.296p.u.
X_q	0.474p.u.
T_{d0}	10s
D	8.922
H_j	3.2s
X_T	0.01p.u.
X_L	0.73p.u.
w_0	314rad/s

对于式（7.17）状态方程的求解，关键是计算状态系数矩阵 A 和控制系数矩

阵 B 。根据状态方程实用模型求解的过程，通过计算确定的状态系数矩阵 A 和控制系数矩阵 B ：

$$A=\begin{bmatrix}-0.1715 & 0.4500 & -0.0326\\ -98.1250 & -2.7881 & 0\\ -0.1362 & -0.5241 & -0.0259\end{bmatrix}$$

$$B=\begin{bmatrix}0.1776\\ 0\\ 0.1410\end{bmatrix}$$

从而求得该 SMIB 电力系统的状态方程数学模型为

$$\begin{bmatrix}\Delta\dot{P}_e\\ \Delta\dot{w}\\ \Delta\dot{V}_t\end{bmatrix}=\begin{bmatrix}-0.1715 & 0.4500 & -0.0326\\ -98.1250 & -2.7881 & 0\\ -0.1362 & -0.5241 & -0.0259\end{bmatrix}\begin{bmatrix}\Delta P_e\\ \Delta w\\ \Delta V_t\end{bmatrix}+\begin{bmatrix}0.1776\\ 0\\ 0.1410\end{bmatrix}\Delta E_{fd} \quad (7.20)$$

对于如式（7.20）所描述的 SMIB 电力系统，将其转化为如式（7.16）所示的系统，即

$$\begin{cases}\dot{x}=Ax+B_1w+B_2u\\ z=C_1x+D_{11}w+D_{12}u\\ y=C_2x+D_{21}w+D_{22}u\end{cases}$$

式中

$$A=\begin{bmatrix}-0.1715 & 0.4500 & -0.0326\\ -98.1250 & -2.7881 & 0\\ -0.1362 & -0.5241 & -0.0259\end{bmatrix}$$

$$B_1=\begin{bmatrix}0\\ 0\\ 0\end{bmatrix},\quad B_2=\begin{bmatrix}0.1776\\ 0\\ 0.1410\end{bmatrix}$$

$$C_1=[1\quad 0\quad 0],\quad C_2=[1\quad 0\quad 0]$$

$$D_{11}=0,\quad D_{12}=0,\quad D_{21}=1,\quad D_{22}=0$$

下面介绍采用 LMI 工具箱求解系统的输出反馈 H_∞ 控制器方法。

首先，通过 ltisyst 函数确定系统模型，具体方法：P = ltisys（a，[b1 b2]，[c1；c2]，[d11 d12；d21 d22]），函数 ltisyst 以系统矩阵的形式存储了一个线性时不变

系统的状态空间实现，其中，$a = A$，$b1 = B_1$，$b2 = B_2$，$c1 = C_1$，$c2 = C_2$，$d11 = D_{11}$，$d12 = D_{12}$，$d21 = D_{21}$，$d22 = D_{22}$。

通过 hinflmi 函数，可以求解系统的最优 H_∞ 控制器。具体方法：[gopt，K] = hinflmi（P，[1 1]），输入参数中的 P 为通过 ltisys 所确定的模型对象的系统矩阵，此处系统测量输出和控制输入的个数均为 1，通过函数中的行向量[1 1]表示。输出参数中的 gopt 为最优 H_∞ 性能指标，K 为对应于该性能指标的最优 H_∞ 控制器 $K(s)$ 的系统矩阵。

得到的结果如下：最优 H_∞ 性能指标 $\gamma_{\text{opt}} = 1.4199 \times 10^{-5}$，最优控制器 $K(s)$ 的系统矩阵 K 为

$$K = 10^6 \times \begin{bmatrix} -0.4750 & 0.1817 & -0.1727 & 0 & 0 \\ 0.1311 & -0.0502 & 0.0477 & 0 & 0 \\ 0.1721 & -0.0658 & 0.0626 & 0 & 0 \\ -2.3020 & 0.8807 & -0.8370 & 0 & 0 \\ 0 & 0 & 0 & 0 & -\text{Inf} \end{bmatrix}$$

并可求得

$$A_K = 10^5 \times \begin{bmatrix} -4.7493 & 1.8175 & -1.7269 \\ 1.3113 & -0.5019 & 0.4768 \\ 1.7208 & -0.6585 & 0.6257 \end{bmatrix}$$

$$B_K = 10^{-8} \times \begin{bmatrix} -0.2241 \\ -0.7421 \\ 0.2015 \end{bmatrix}$$

$$C_K = 10^6 \times \begin{bmatrix} -2.3018 & 0.8809 & -0.8370 \end{bmatrix}$$

$$D_K = 0$$

所设计的最优 H_∞ 控制器 $K(s)$ 的状态空间表达式为

$$\begin{cases} \dot{x}' = 10^5 \times \begin{bmatrix} -4.7493 & 1.8175 & -1.7269 \\ 1.3113 & -0.5019 & 0.4768 \\ 1.7208 & -0.6585 & 0.6257 \end{bmatrix} x' + 10^{-8} \times \begin{bmatrix} -0.2241 \\ -0.7421 \\ 0.2015 \end{bmatrix} y \\ u = 10^6 \times \begin{bmatrix} -2.3018 & 0.8809 & -0.8370 \end{bmatrix} x' \end{cases}$$

最优 H_∞ 控制器 $K(s)$ 的传递函数为

$$K(s)=\frac{-0.003064s^2-0.00027s-0.0002486}{s^3+4.625\times10^5s^2+1.302\times10^6s+2.457\times10^4}$$

对应的闭环系统如下：

$$\text{clsys}=10^5\times\begin{bmatrix} 0 & 0 & 0 & -4.0880 & 1.5645 & -1.4865 & 0 & 0.001 \\ -0.001 & 0 & 0 & 0 & 0 & 0 & 0 & 0 \\ 0 & 0 & 0 & -3.2456 & 1.2421 & -1.1801 & 0 & 0 \\ 0 & 0 & 0 & -4.7493 & 1.8175 & -1.7269 & 0 & 0 \\ 0 & 0 & 0 & 1.3113 & -0.5019 & 0.4768 & 0 & 0 \\ 0 & 0 & 0 & 1.7208 & -0.6585 & 0.6257 & 0 & 0 \\ 0 & 0 & 0 & 0 & 0 & 0 & 0 & 0 \\ 0 & 0 & 0 & 0 & 0 & 0 & 0 & -\text{Inf} \end{bmatrix}$$

加入最优 H_∞ 控制器后的 SMIB 电力系统脉冲响应如图 7.3 所示。

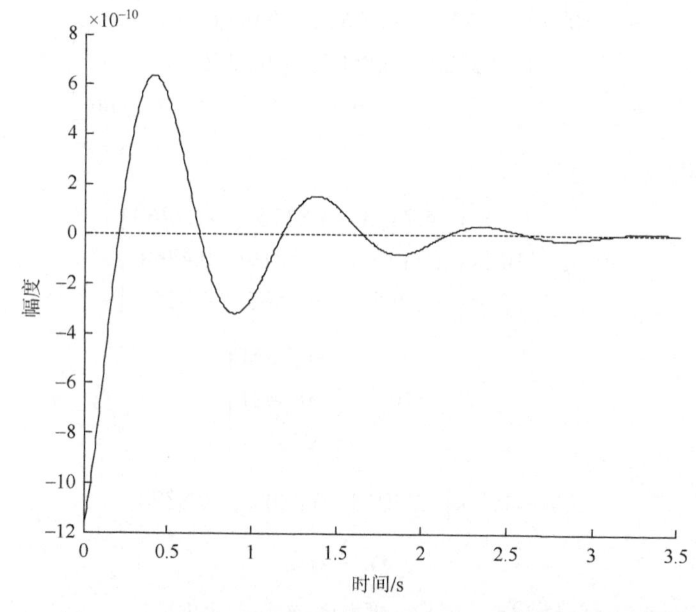

图 7.3　加入最优 H_∞ 控制器后的 SMIB 电力系统脉冲响应

此时得到的最优控制器 $K(s)$ 比较难以实现，原因是 K 值太大，控制器的模态过快，这时可以通过提高控制器的性能指标 γ 来解决此问题。设定 $\gamma<0.5$ ，从而可以获得系统的一个次优 H_∞ 控制器，命令为[gopt，K] = hinflmi（P，[1 1]，0.5），次优 H_∞ 控制器的求解如图 7.4 所示。

```
Minimization of gamma:
Solver for linear objective minimization under LMI constraints

Iterations: Best objective value so far

   1
   2
   3
   4
   5

                              0.324800
Result: reached the target for the objective value
        best objective value: 0.324800
        f-radius saturation: 0.000% of R = 1.00e + 008

Optimal Hinf performance: 3.248e-001

gopt = 0.3248
```

图 7.4　次优 H_∞ 控制器的求解

改进后的次优 H_∞ 控制器的性能指标是 $\gamma_{\text{sub\_opt}} = 0.3248$，并可得到次优 H_∞ 控制器 $K(s)$ 的系统矩阵 K 为

$$K = \begin{bmatrix} -12.8981 & -6.8018 & 111.6657 & 0.0016 & 3.0000 \\ -2.5376 & 1.5133 & -0.0399 & -0.0231 & 0 \\ -72.7570 & 55.2062 & -10.6360 & 0.0023 & 0 \\ -58.2159 & -28.7504 & 491.6194 & 0 & 0 \\ 0 & 0 & 0 & 0 & -\text{Inf} \end{bmatrix}$$

并可求得

$$A_K = \begin{bmatrix} -12.8981 & -6.8018 & 111.6657 \\ -2.5376 & 1.5133 & -0.0399 \\ -72.7570 & 55.2062 & -10.6360 \end{bmatrix}$$

$$B_K = \begin{bmatrix} 0.0016 \\ -0.0231 \\ 0.0023 \end{bmatrix}$$

$$C_K = \begin{bmatrix} -58.2159 & -28.7504 & 491.6194 \end{bmatrix}$$

$$D_K = 0$$

可得次优 H_∞ 控制器 $K(s)$ 的状态空间实现为

$$
\begin{cases}
\dot{x}' = \begin{bmatrix} -12.8981 & -6.8018 & 111.6657 \\ -2.5376 & 1.5133 & -0.0399 \\ -72.7570 & 55.2062 & -10.6360 \end{bmatrix} x' + \begin{bmatrix} 0.0016 \\ -0.0231 \\ 0.0023 \end{bmatrix} y \\
u = \begin{bmatrix} -58.2159 & -28.7504 & 491.6194 \end{bmatrix} x'
\end{cases}
$$

对应的次优 H_∞ 控制器 $K(s)$ 的传递函数为

$$
K(s) = \frac{1.713s^2 - 682.1s - 48.75}{s^3 + 22.02s^2 + 8211s + 3006}
$$

对应的闭环系统为

$$
\text{clsys} = \begin{bmatrix}
-0.1715 & 0.4500 & -0.0326 & -10.3391 & -5.1061 & 87.3116 & 0 & 6.0000 \\
-98.1250 & -2.7881 & 0 & 0 & 0 & 0 & 0 & 0 \\
-0.1362 & -0.5241 & -0.0259 & -8.2084 & -4.0538 & 69.3183 & 0 & 0 \\
0.0016 & 0 & 0 & -12.8981 & -6.8018 & 111.6657 & 0.0016 & 0 \\
-0.0231 & 0 & 0 & -2.5376 & 1.5133 & -0.0399 & -0.0231 & 0 \\
0.0023 & 0 & 0 & -72.7570 & 55.2062 & -10.6360 & 0.0023 & 0 \\
1.0000 & 0 & 0 & 0 & 0 & 0 & 0 & 0 \\
0 & 0 & 0 & 0 & 0 & 0 & 0 & -\text{Inf}
\end{bmatrix}
$$

加入改进后次优 H_∞ 控制器的 SMIB 电力系统脉冲响应如图 7.5 所示。

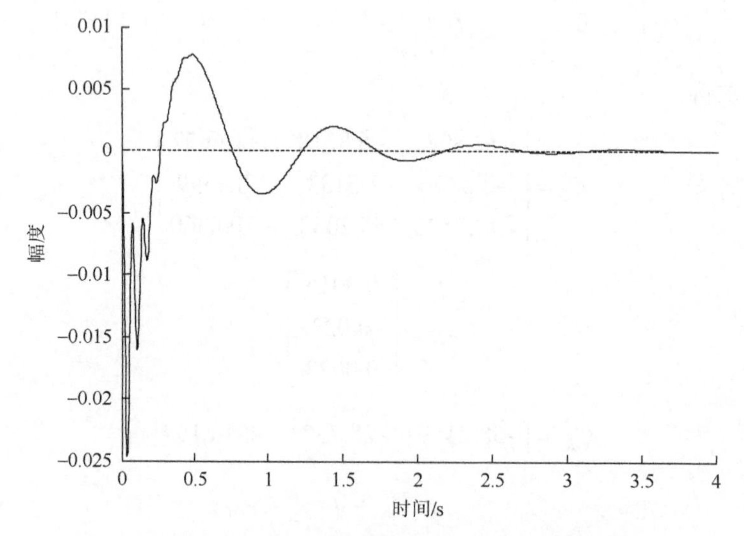

图 7.5　加入次优 H_∞ 控制器的 SMIB 电力系统脉冲响应

进一步地，将改进后次优 H_∞ 控制器和本书第 5 章的 DLOEC 控制器进行对比研究。针对系统（7.20），设计 DLOCE 控制器如下所示。

系统（7.20）的特征根为–1.4611±6.5102i，–0.0634，系统的无阻尼机械振荡频率 w_n 为 6.6721，系统的阻尼比为 0.2190。取期望的阻尼比为 $\zeta_n = 0.5$，可以确定闭环系统期望的特征根为 $\lambda_{1,2} = -\xi w_n \pm \mathrm{j}\sqrt{1-\xi_n{}^2}\, w_n = -3.3361 \pm 5.7782\mathrm{j}$，$\lambda_3 = -10.008$。根据本书第 5 章 DLOEC 的相关设计方法，最终可以得到基于系统阻尼比的最优励磁控制器的 $K_D = [54.2261, -1.6297, 28.8223]$。

将所设计的 DLOEC 控制器和 H_∞ 控制器均施加于系统，并对系统的脉冲响应进行仿真研究。SMIB 电力系统在未施加控制、DLOEC 控制和 H_∞ 控制情况下的脉冲响应如图 7.6 所示。仿真结果表明，相对于未施加控制的情况，加入 DLOEC 后，系统的调节时间从 2.57s 减小到 0.975s。相对于 DLOEC 控制器，加入次优 H_∞ 控制器后，系统振荡的振幅峰值从 0.178 下降到 0.0247，但系统的调节时间从 0.975s 增加到 2.49s。因此，所设计的 DLOEC 控制器和 H_∞ 控制器均提高了系统的稳定性，并且 H_∞ 控制器和 DLOEC 控制器分别在振幅峰值和调节时间方面各有优势。

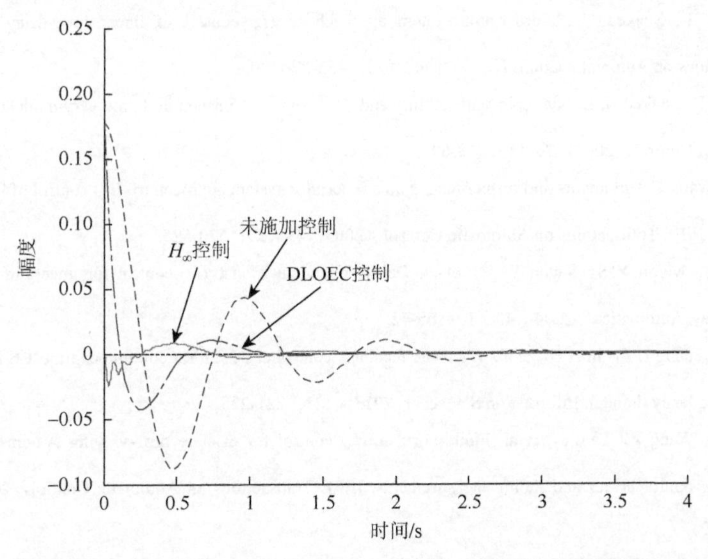

图 7.6　SMIB 电力系统在未施加控制、DLOEC 控制和 H_∞ 控制情况下的脉冲响应

7.5 本 章 小 结

本章研究了基于 H_∞ 控制的 SMIB 电力系统输出反馈控制器设计问题。本章基于 SMIB 电力系统状态方程实用模型，设计了基于 H_∞ 控制的 SMIB 电力系统输出反馈控制器，并进一步针对最优 H_∞ 控制器的系统矩阵 K 中的值过大的问题，通过增大控制器的性能指标对其进行了优化，得到改进后的次优 H_∞ 控制器，最后通过实例仿真验证了所设计控制器的有效性。

参 考 文 献

[1] Helton J. Worst case analysis in the frequency domain：The H_∞ approach to control. IEEE Transactions on Automatic Control，1985，30（12）：1154-1170.

[2] Doyle J C，Glover K，Khargonekar P P，et al. State-space solutions to standard H_2 and H_∞ control problems. IEEE Transactions on Automatic Control，1989，34（8）：831-847.

[3] Gahinet P，Apkarian P. A linear matrix inequality approach to H_∞ control. International Journal of Robust and Nonlinear Control，1994，4（4）：421-448.

[4] Ge J H，Frank P M，Lin C F. Robust H_∞ state feedback control for linear systems with state delay and parameter uncertainty. Automatica，1996，32（8）：1183-1185.

[5] Fridman E，Shaked U. A descriptor system approach to H_∞ control of linear time-delay systems. IEEE Transactions on Automatic Control，2002，47（2）：253-270.

[6] Fridman E，Shaked U. Delay-dependent stability and H_∞ control：Constant and time-varying delays. International Journal of Control，2003，76（1）：48-60.

[7] Gao H，Wang C. Comments and further results on a descriptor system approach to H_∞ control of linear time-delay systems. IEEE Transactions on Automatic Control，2003，48（3）：520-525.

[8] Lee Y S，Moon Y S，Kwon W H，et al. Delay-dependent robust H_∞ control for uncertain systems with a state-delay. Automatica，2004，40（1）：65-72.

[9] Wang H，Peng L Y，Ju H H，et al. H_∞ state feedback controller design for continuous-time T-S fuzzy systems in finite frequency domain. Information Sciences，2013，223：221-235.

[10] Ding D，Wang Z，Lam J，et al. Finite-horizon H_∞ control for discrete time-varying systems with randomly occurring nonlinearities and fading measurements. IEEE Transactions on Automatic Control，2015，60（9）：2488-2493.

[11] Wang R，Jing H，Karimi H R，et al. Robust fault-tolerant H_∞ control of active suspension systems with finite-frequency constraint. Mechanical Systems and Signal Processing，2015，（62/63）：341-355.

[12] Zou L，Wang Z D，Gao H J. Observer-based H_∞ control of networked systems with stochastic communication protocol：The finite-horizon case. Automatica，2016，63：366-373.

[13] Zhang X M，Han Q L. Event-triggered H_∞ control for a class of nonlinear networked control systems using novel integral inequalities. International Journal of Robust and Nonlinear Control，2017，27（4）：679-700.

[14] Saravanakumar R，Ali M S，Huang H，et al. Robust H_∞ state-feedback control for nonlinear uncertain systems with mixed time-varying delays. International Journal of Control，Automation and Systems，2018，16（1）：225-233.

[15] Zhang D，Cheng J，Park J H，et al. Robust H_∞ control for nonhomogeneous Markovian jump systems subject to quantized feedback and probabilistic measurements. Journal of the Franklin Institute，2018，355（15）：6992-7010.

[16] Zheng Q X，Zhang H B，Ling Y Z，et al. Mixed H_∞ and passive control for a class of nonlinear switched systems with average dwell time via hybrid control approach. Journal of the Franklin Institute，2018，355（3）：1156-1175.

[17] Li M，Shu F，Liu D，et al. Robust H_∞ control of T-S fuzzy systems with input time-varying delays：A delay partitioning method. Applied Mathematics and Computation，2018，321：209-222.

[18] Vandenberghe L，Balakrishnan V. Algorithms and software for LMI problems in control. IEEE Control Systems Magazine，1997，17（5）：89-95.

[19] Baranyi P. TP model transformation as a way to LMI-based controller design. IEEE Transactions on Industrial Electronics，2004，51（2）：387-400.

[20] Khaber F，Zehar K，Hamzaoui A. State feedback controller design via Takagi-Sugeno fuzzy model：LMI approach. International Journal of Mechanical and Mechatronics Engineering，2008，2（6）：836-841.

[21] Sedghi L，Fakharian A. Robust voltage regulation in islanded microgrids：A LMI based mixed H_2/H_∞ control approach. The 24th Mediterranean Conference on Control and Automation，Athens，2016：431-436.

[22] Zhang X F，Lv Y W，Long L H，et al. Robust decentralized control of perturbed fractional-order linear interconnected systems via LMI approach. 2018 Chinese Control and Decision Conference，Shenyang，2018：1620-1624.

[23] Gahinet P M，Nemirovskii A，Laub A J，et al. LMI Control Toolbox User's Guide：Version 1. Natick：The MathWorks，1995.

[24] Balas G，Chiang R，Packard A，et al. Robust Control Toolbox 3 User's Guide. Natick：The MathWorks，2007.

[25] 俞立. 鲁棒控制——线性矩阵不等式处理方法. 北京：清华大学出版社，2002.

[26] 梅生伟，申铁龙，刘康志. 现代鲁棒控制理论与应用. 北京：清华大学出版社，2003.

[27] 冯纯伯，田玉平，忻欣. 鲁棒控制系统设计. 南京：东南大学出版社，1995.

[28] 吴敏，何勇，佘锦华. 鲁棒控制理论. 北京：高等教育出版社，2010.

[29] 范训礼，吴旭光，于茜，等. 基于LMI的不确定性系统的鲁棒滤波方法. 系统工程与电子技术，2000，22（8）：14-16.